KB112122

누구나 쉽게
계산을 배울 수 있는
Numeracy for All

# 계산
# 자신감
## 개정판

# 3

## 큰 덧셈 / 뺄셈

## 저자 소개

### 정재석

서울아이정신건강의학과 원장 , 소아정신과 전문의, 의학박사
서울대학교 의과대학 및 대학원 졸업
서울대학교병원 정신건강의학과 전문의
서울대학교병원 소아정신과 임상강사
역서 : 『난독증의 재능』, 『비언어성 학습장애, 아스퍼거 장애 아동을 잘 키우는 방법』,
　　　『난독증의 진단과 치료』, 『난독증 심리학』, 『수학부진아 지도프로그램, 매스리커버리』
저서 : 『읽기 자신감』(세트 전 6권)

### 노소온

체계적이고 과학적인 근거 기반 프로그램에 관심이 있어 수학 교재 개발에 참여하게 되었다.
좋은교사운동 배움찬찬이 연구회와 함께 행복한 수업을 꿈꾸는 초등학교 특수교사다.

### 김복실

읽기와 셈하기를 힘들게 배우는 학생들에게
배움의 과정이 고통이 아닌 기쁨이 될 수 있도록
돕고 싶은 마음으로 교재 개발에 참여하게 되었다.
현재 경기도 전문 연구년 교사로 '사례 연구'를 통해
현장에서 지속적으로 적용 가능한 프로그램 개발을 위해 노력 중이다.

---

## 계산 자신감 3 큰 덧셈/뺄셈　　　　　　　　　　　　　　개정판

| | |
|---|---|
| **2판 발행일** | 2020년 5월 22일 |
| **초판 발행일** | 2017년 9월 29일 |

| | |
|---|---|
| **지은이** | 정재석, 노소온, 김복실 |
| **펴낸이** | 손형국 |
| **펴낸곳** | ㈜북랩 |
| **편집인** | 선일영 |
| **편집** | 강대건, 최예은, 최승헌, 김경무, 이예지 |
| **디자인** | 디자인산책 |
| **일러스트** | 정선은, 권노은, 정수현 |
| **제작** | 박기성, 황동현, 구성우, 장홍석 |
| **마케팅** | 김회란, 박진관, 장은별 |
| **출판등록** | 2004. 12. 1(제2012-0000051호) |
| **주소** | 서울시 금천구 가산디지털 1로 168, 우림라이온스밸리 B동 B113, 114호, C동 B101호 |
| **홈페이지** | www.book.co.kr |
| **전화번호** | (02)2026-5777 |
| **팩스** | (02)2026-5747 |
| **ISBN** | 979-11-6539-193-5 64410 (종이책) |
| | 979-11-6539-194-2 65410 (전자책) |
| | 979-11-6539-188-1 64410 (세트) |

**(주)북랩 성공출판의 파트너**

북랩 홈페이지와 패밀리 사이트에서 다양한 출판 솔루션을 만나 보세요!
홈페이지 book.co.kr　블로그 blog.naver.com/essaybook　원고모집 book@book.co.kr

## 수학이 어려운 아이들을 위해

2007년부터 병원을 열어 한글을 배우기 힘들어하는 학생들의 치료를 시작했습니다. 외국 난독증 프로그램을 우리나라에 맞게 바꾸고 부족한 부분은 외국인을 위한 한국어 교재로 보충했습니다. 그 결과 좋아지는 아이들이 점점 많아졌습니다. 하지만 수학을 힘들어하는 아이들이 여전히 많았습니다.

아이들에게 도움이 될 만한 수학 프로그램 중에서 맥그로우힐(McGraw-Hill)의 '넘버 월드(Number Worlds)'와 호주와 뉴질랜드에서 사용되고 있는 '매스리커버리(Math Recovery)'가 눈에 들어왔고 이 둘 중에 더 근거가 많아 보이는 '매스리커버리'를 선택했습니다. 김하종 신부님이 김시욱이라는 학생을 소개시켜주었는데 그는 놀라운 속도와 실력으로 '매스리커버리'를 초벌 번역해주었습니다. 그의 원고를 바탕으로 2011년, 『수학부진아 지도프로그램 매스리커버리』(시그마프레스)를 번역·출판했습니다. 『수학부진아 지도프로그램 매스리커버리』가 나온 후 두 가지 피드백을 받았습니다. 첫째는 왜 '수학 부진아'라는 제목을 사용해서 책을 들고 다니는 아이들을 부끄럽게 만드느냐 하는 것이었고 둘째는 무엇보다 실제 수업에 사용하기는 어렵다는 것이었습니다. 그래서 실제 수업에 적용할 수 있는 워크북 작업을 시작했습니다. 김하종 신부님의 인도로 반포 성당의 대학생 자원 봉사자인 김미성, 선우동혁, 원선혜, 유재호, 윤여옥, 이영우, 이재한, 이효선 8명은 『수학부진아 지도프로그램 매스리커버리』를 워크북이 되도록 많은 문서 작업을 해 주었습니다.

이렇게 만들어진 워크북을 사용하던 중에 2014년 클레멘츠(Douglas H. Clements)와 사라마(Julie Sarama)의 『Learning and Teaching Early Math: The Learning Trajectories Approach』 2판을 접하게 되었고 아동의 수학 발달 단계는 아이를 평가하고 지도할 때 가장 믿을 만한 내비게이션이 될 것으로 보였습니다. 그래서 학교 현장에서 수학을 가르치고 있는 좋은교사운동 배움찬찬이연구회 선생님들 함께 클레멘츠의 러닝 트라젝토리(The Learning Trajectories) 이론에 맞추어 『수학부진아 지도프로그램 매스리커버리』를 참고로 재구성하였습니다. 그리고 발달단계상에서 필요하지만 『수학부진아 지도프로그램 매스리커버리』에서 다루지 않은 부분이 발견되면 기존의 수감각 교재를 참고로 과제를 다시 개발하였습니다. 이 책이 수학 부진을 예방하고 싶은 6~7살 아동, 기초학력을 보정하려는 초등학교 저학년, 자연수와 사칙연산을 배우고 싶은 모든 아이들을 위한 책이 되길 기대합니다.

감사의 말씀을 드리고 싶은 사람들이 더 있습니다. 더 늦기 전에 부모님에게 감사의 말을 전하고 싶습니다. 제 부모님(정현구, 서창옥)은 수학을 좋아하셨습니다. 또 책을 읽고 쓰는 작업에 시간을 많이 쓰는 남편에게 한 번도 불평하지 않고 지원해준 아내에게도 고맙다고 말하고 싶습니다.

2020년 5월
저자 정 재 석

# 책을 어떻게 사용할까?

## 발달경로(Learning Trajectories)이론에 따른 교재 구성

본 교재는 학년 군에 따른 초등수학의 교육과정이 아닌 발달경로 이론에 따라 과제가 구성되어 있습니다. 발달경로는 아동의 현재 수준을 진단하고 현재 수준에서 다음 단계로 향상시키기 위해서 필요한 과제를 알려줍니다. 진단평가에서 80% 이상 맞힌 경우 통과한 것으로 간주합니다. 충분히 학습한 후에는 재평가를 실시하여 통과 여부를 결정합니다.

## 기존의 연산 교재와 본 교재의 차이점

| 구 분 | 기존 교재 | 계산 자신감 |
|---|---|---|
| 직산 능력 | 강조되지 않음 | 최우선 강조 |
| 수 세기 | 별도로 제시하지 않고<br>연산 상황에서 암묵적으로 나타냄 | 단계별로 명시적으로 교육 |
| 실생활 상황 | 스토리에 기반하여 글로 제시 | 도형이나 점을 이용해서 가리거나 더하면서<br>반구체물 상황으로 제시 |
| 과제 형식 | 문제를 보며 숫자로 제시 | 교사와 소통하며 말로 불러주기 강조 |
| 연산 방법 | 하나의 방법인 표준 알고리즘을<br>숙달될 때까지 반복 연습 | 학생들이 만든 다양한 전략을 소개하고 이해하는 활동을 통해<br>연산마다 다양한 전략을 유연하게 선택하는 것을 강조 |

## 프로그램 구성

계산 자신감은 '이해하기-함께 하기-스스로 하기'로 구성되어 있습니다. '이해하기'에는 교사와 학생이 대화하며 문제를 푸는 방법이 소개되어 있습니다. '이해하기' 단계를 반드시 읽고, QR코드로 링크되어 있는 추가 자료도 활용하시기를 권합니다. 추가자료에는 학습목표, 발달단계, 지도지침, 평가용 파워포인트, 지도방법 동영상, 정답지가 있습니다. '함께 하기'는 교사와 학생이 함께 활동하는 단계이며 '스스로 하기'는 위의 두 단계를 활용하여 혼자 연습하는 활동입니다.

## 네이버 '계산 자신감' 카페

책을 구매하신 분은 네이버 '계산 자신감' 카페에 가입하시길 권합니다. 게시판에는 QR 코드에 링크된 자료 뿐 아니라 매스리커버리 등 다양한 초등 수학 관련 자료가 있습니다. 또한 궁금한 점을 문의하거나 성공사례를 공유할 수 있고, 활동연습지를 더 내려받거나 향후 교재개발에 필요한 점을 올릴 수도 있습니다. (httpscafe.naver.commathconfidence444)

## 부록 카드 및 보조 도구의 사용

본 교재에는 540장의 부록 카드가 필요합니다. (주)북랩 홈페이지(http://www.book.co.kr)에서 별도로 판매하고 있습니다. 1~4권까지 지속적으로 사용되므로 명함 정리함 등에 보관하여 사용하시거나 스마트폰에 그림 형태로 저장하여 사용하시면 편리합니다. 활동에 따라 연결큐브, 구슬틀(rekenrek) 수모형, 바둑돌 등 구체물을 그림 대신 사용하실 수 있고 교재에 제시된 앱이나 소프트웨어를 이용할 수 있습니다.

## 프로그램의 일반적 적용

| 아동의 수준 | 프로그램 진행 순서 |
| --- | --- |
| 6~7살 아동 | 1, 2권 A단계부터 |
| 초등학교 1학년 | 1, 2권 B단계부터 |
| 10 넘는 덧셈이 힘든 경우 | 1권, 2권부터 |
| 초등학교 2학년 1학기인 경우 | 1권 D단계, 2권 (다) E단계, 3권 (바) A단계, 4권 (사) A단계부터 |
| 두 자릿수 덧셈, 뺄셈을 처음부터 공부하고 싶은 경우 | 3권 (바) A단계부터 |
| 문장제 문제를 어려워 하는 경우 | 사칙연산의 연산감각 부문만 |
| 계산은 정확하게 하지만 속도가 느린 경우 | 사칙연산의 유창성 훈련만 |

사칙연산에서 학년 수준의 연산 정확도와 속도기준에 도달하면 이 프로그램을 끝내도 됩니다.

## 계산 자신감의 구성

| 권 | 영역 | 단계 | 단계 |
| --- | --- | --- | --- |
| 1권 | 가. 직산과 수량의 인지 | A-1단계 한 자릿수 직산(5 이하의 수)<br>B단계 20 이하 수 직산<br>D단계 세 자릿수 직산 | A-2단계 한 자릿수 직산(10 이하의 수)<br>C단계 두 자릿수 직산 |
| | 나. 수끼리의 관계 | A단계 한 자릿수의 수끼리 관계<br>C단계 두 자릿수의 수끼리 관계 | B단계 20 이하 수의 수끼리 관계<br>D단계 세 자릿수의 수끼리 관계 |
| 2권 | 다. 수 세기 | A단계 일대일 대응<br>C단계 이중 세기 | B단계 기수성<br>D단계 십진법 |
| | 라. 작은 덧셈 | A단계 덧셈 감각 | B단계 덧셈 전략 |
| | 마. 작은 뺄셈 | A단계 뺄셈 감각 | B단계 뺄셈 전략 |
| 3권 | 바. 큰 덧셈/뺄셈 | A단계 두 자리 덧셈/뺄셈을 위한 기초 기술<br>B단계 두 자릿수 덧셈<br>D단계 세 자리 덧셈/뺄셈을 위한 기초 기술<br>E단계 세 자릿수 덧셈 | C단계 두 자릿수 뺄셈<br><br>F단계 세 자릿수 뺄셈 |
| 4권 | 사. 곱셈 | A단계 곱셈을 위한 수 세기<br>C단계 작은 곱셈<br>E단계 곱셈의 달인 | B단계 곱셈 감각<br>D단계 큰 수 곱셈 |
| | 아. 나눗셈 | A단계 나눗셈을 위한 수 세기<br>C단계 짧은 나눗셈 | B단계 나눗셈 감각<br>D단계 긴 나눗셈 |

# 차례

# 큰 덧셈/뺄셈
## 기초 기술 평가

# 큰 덧셈/뺄셈 기초 기술 평가에 관한 안내

1. 기초 기술 평가는 학생들이 암산으로 계산하는 평가방식으로 따로 문제지를 제공하지 않고 있습니다.
2. 기초 기술 평가용 PPTX 파일은 QR코드를 통해 네이버 '계산자신감' 카페에서 확인하실 수 있습니다.
3. 교사는 문제를 불러준 후 학생이 답을 말하면 기초 기술 평가 기록지에 학생의 반응과 점수를 기록합니다.
4. 각 항목에서 80% 이상을 맞추면 도달로 간주합니다.
5. 각 항목에서 미도달 시 아래 프로세스에 따라 보충해주시기 바랍니다.
6. 모든 항목에서 도달했거나 보충 단계가 끝나면 『계산 자신감』 3권 B단계부터 학습을 시작합니다.
7. 기초 기술 평가 항목에 나오는 N은 자연수를 의미합니다.
   (예: NNN-몇 백 몇 십 몇, NN0-몇 백 몇 십 N00-몇 백, NN-몇 십 몇, N0-몇 십)

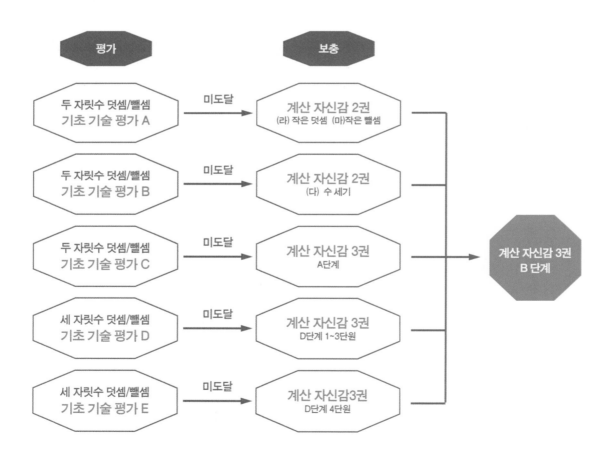

# 1. 두 자릿수 덧셈/뺄셈 기초 기술 평가 기록지 A

| A항목 | 불러줄 문항 | 정답 | (반응/점수) |
|---|---|---|---|
| **A-가**<br>10보수 | 3 더하기 7은? | 10 | |
| | 4에다 뭘 더하면 10이 되지? | 6 | |
| | 10에서 7을 빼면? | 3 | |
| | 5에다 뭘 더하면 10이 되지? | 5 | |
| | 10에서 2를 빼면? | 8 | |
| **A-나**<br>10 이하 덧셈 | 4 더하기 5는? | 9 | |
| | 7 더하기 2는? | 9 | |
| | 3 더하기 6은? | 9 | |
| | 3 더하기 4는? | 7 | |
| | 5 더하기 1은? | 6 | |
| **A-다**<br>10 이하 뺄셈 | 9에서 3을 빼면? | 6 | |
| | 4에다 뭘 더하면 9가 되지? | 5 | |
| | 8에서 5를 빼면? | 3 | |
| | 7에서 4를 빼면? | 3 | |
| | 6에다 뭘 더하면 9가 되지? | 3 | |
| **A-라**<br>20 이하 덧셈 | 10 더하기 5는? | 15 | |
| | 10 더하기 7은? | 17 | |
| | 9 더하기 8은? | 17 | |
| | 8 더하기 5는? | 13 | |
| | 6 더하기 7은? | 13 | |
| **A-마**<br>20 이하 뺄셈 | 7에다 뭘 더하면 13이 되지? | 6 | |
| | 15에서 6을 빼면? | 9 | |
| | 19에서 9를 빼면? | 10 | |
| | 9에다 뭘 더하면 16이 되지? | 7 | |
| | 15에서 7을 빼면? | 8 | |
| **평가 날짜** | 월        일 | **정답 수** | **/25** |

※ 정답: 1점, 오답: 0점으로 처리함.
(20개 이상이면 도달)

# 2. 두 자릿수 덧셈/뺄셈 기초 기술 평가 기록지 B

| B항목 | 불러줄 문항 | 정답 | (반응/점수) |
|---|---|---|---|
| **B-가**<br>N0±N0 | 30에 20을 더하면? | 50 | |
| | 50에서 30을 빼면? | 20 | |
| | 60에 30을 더하면? | 90 | |
| | 90에서 70을 빼면? | 20 | |
| | 80에서 20을 빼면? | 60 | |
| **B-나**<br>NN±N0 | 42에 30을 더하면? | 72 | |
| | 87에서 60을 빼면? | 27 | |
| | 56에 40을 더하면? | 96 | |
| | 96에서 60을 빼면? | 36 | |
| | 77에서 70을 빼면? | 7 | |
| **B-다**<br>N0+NN | 30에 45를 더하면? | 75 | |
| | 50에 29를 더하면? | 79 | |
| | 40에 44를 더하면? | 84 | |
| | 80에 18을 더하면? | 98 | |
| | 70에 17을 더하면? | 87 | |
| **평가 날짜** | 월        일 | **정답 수** | /15 |

※ 정답: 1점, 오답: 0점으로 처리함.
(12개 이상이면 도달)

# 3. 두 자릿수 덧셈/뺄셈 기초 기술 평가 기록지 C

| C항목 | 불러줄 문항 | 정답 | (반응/점수) |
|---|---|---|---|
| **C-가**<br>받아올림/내림 없는 NN±N | 22에 6을 더하면? | 28 | |
| | 91에 7을 더하면? | 98 | |
| | 78에서 7을 빼면? | 71 | |
| | 89에서 6을 빼면? | 83 | |
| | 97에서 4를 빼면? | 93 | |
| **C-나**<br>N0+N | 30에 4를 더하면? | 34 | |
| | 50에 6을 더하면? | 56 | |
| | 60에 7을 더하면? | 67 | |
| | 70에 9를 더하면? | 79 | |
| | 90에 8을 더하면? | 98 | |
| **C-다**<br>N0이 되는 뺄셈 | 64에서 4를 빼면? | 60 | |
| | 77에서 7을 빼면? | 70 | |
| | 98에서 8을 빼면? | 90 | |
| | 86에서 6을 빼면? | 80 | |
| | 53에서 3을 빼면? | 50 | |
| **C-라**<br>N0이 되는 덧셈 | 34에서 6을 더하면? | 40 | |
| | 43에서 7을 더하면? | 50 | |
| | 66에서 4를 더하면? | 70 | |
| | 72에서 8을 더하면? | 80 | |
| | 84에서 6을 더하면? | 90 | |
| **C-마**<br>N0-N | 40에서 4를 빼면? | 36 | |
| | 90에서 8을 빼면? | 82 | |
| | 60에서 7을 빼면? | 53 | |
| | 80에서 9를 빼면? | 71 | |
| | 70에서 6을 빼면? | 64 | |
| **C-바**<br>받아올림/받아내림 있는<br>NN±N | 33에 8을 더하면? | 41 | |
| | 45에서 9를 빼면? | 36 | |
| | 78에 9를 더하면? | 87 | |
| | 92에서 8을 빼면? | 84 | |
| | 64에서 7을 빼면? | 57 | |
| **평가 날짜** | **월          일** | **정답 수** | **/30** |

※ 정답: 1점, 오답: 0점으로 처리함.
(24개 이상이면 도달)

# 4. 세 자릿수 덧셈/뺄셈 기초 기술 평가 기록지 D

| D항목 | 불러줄 문항 | 정답 | (반응/점수) |
|---|---|---|---|
| **D-가**<br>NN0±N00 | 320에 200을 더하면? | 520 | |
| | 650에 300을 더하면? | 950 | |
| | 270에 300을 더하면? | 570 | |
| | 480에서 200을 빼면? | 280 | |
| | 970에서 700을 빼면? | 270 | |
| **D-나**<br>NN0±N0 | 450에 30을 더하면? | 480 | |
| | 630에 50을 더하면? | 680 | |
| | 890에 60을 더하면? | 950 | |
| | 740에서 30을 빼면? | 710 | |
| | 640에서 40을 빼면? | 600 | |
| **D-다**<br>NN0+NN0 | 460에 230을 더하면? | 690 | |
| | 630에 150을 더하면? | 780 | |
| | 380에 210을 더하면? | 590 | |
| | 680에 240을 더하면? | 920 | |
| | 470에 470을 더하면? | 940 | |
| **D-라**<br>NNN±N00 | 365에 100을 더하면? | 465 | |
| | 454에 200을 더하면? | 654 | |
| | 696에 200을 더하면? | 896 | |
| | 781에서 300을 빼면? | 481 | |
| | 879에서 500을 빼면? | 379 | |
| **D-마**<br>NNN±N0 | 357에 20을 더하면? | 377 | |
| | 652에 30을 더하면? | 682 | |
| | 297에 20을 더하면? | 317 | |
| | 896에서 50을 빼면? | 846 | |
| | 472에서 40을 빼면? | 432 | |
| **D-바**<br>NNN±NN0 | 426에 350을 더하면? | 776 | |
| | 633에 310을 더하면? | 943 | |
| | 361에 160을 더하면? | 521 | |
| | 747에서 240을 빼면? | 507 | |
| | 569에서 410을 빼면? | 159 | |
| **평가 날짜** | 월        일 | **정답 수** | /30 |

※ 정답: 1점, 오답: 0점으로 처리함.
(26개 이상이면 도달)

# 5. 세 자릿수 덧셈/뺄셈 기초 기술 평가 기록지 E

| E항목 | 불러줄 문항 | 정답 | (반응/점수) |
|---|---|---|---|
| **E-가**<br>NNN±N | 357에 2를 더하면? | 359 | |
| | 654에 8을 더하면? | 662 | |
| | 877에서 6을 빼면? | 871 | |
| | 542에서 3을 빼면? | 539 | |
| | 568에서 9를 빼면? | 559 | |
| **E-나**<br>NN0이 되는 덧셈/뺄셈 | 426에 4를 더하면? | 430 | |
| | 633에 7을 더하면? | 640 | |
| | 424에서 4를 빼면? | 420 | |
| | 989에서 9를 빼면? | 980 | |
| | 488에서 8을 빼면? | 480 | |
| **E-다**<br>N00이 되는 덧셈/뺄셈 | 197에 3을 더하면? | 200 | |
| | 499에 1을 더하면? | 500 | |
| | 898에 2를 더하면? | 900 | |
| | 508에서 8을 빼면? | 500 | |
| | 207에서 7을 빼면? | 200 | |
| **E-라**<br>NN0-N | 510에서 8을 빼면? | 502 | |
| | 490에서 2를 빼면? | 488 | |
| | 530에서 7을 빼면? | 523 | |
| | 180에서 3을 빼면? | 177 | |
| | 990에서 9를 빼면? | 981 | |
| **E-마**<br>N00-N | 500에서 8을 빼면? | 492 | |
| | 400에서 3을 빼면? | 397 | |
| | 900에서 7을 빼면? | 893 | |
| | 300에서 3을 빼면? | 297 | |
| | 800에서 9를 빼면? | 791 | |
| **평가 날짜** | **월        일** | **정답 수** | **/25** |

※ 정답: 1점, 오답: 0점으로 처리함.
(20개 이상이면 도달)

# 계산 자신감

Chapter 바

## 큰 덧셈/뺄셈

## A단계

두 자리 덧셈/뺄셈을 위한
기초 기술

1. 10씩 더하고 빼기
2. 두 자릿수 + 한 자릿수
3. 두 자릿수 - 한 자릿수

**A단계** # 1. 10씩 더하고 빼기

 선생님

**42 + 20**은 얼마일까요?
어떻게 알았나요?

42에서 10씩 2번 더했어요.
42에서 10을 더해 52!
52에 10을 더해 62! 따라서 답은 62입니다.

 하나

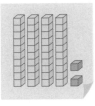 +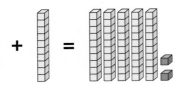

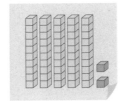 +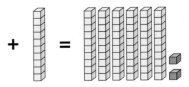

**Guide**　1. 피가수(42)를 수 모형으로 보여준 후 가리고 "수모형은 모두 몇 개 일까요?"라고 묻습니다.
　　　　　　그리고 "42+20은 얼마일까요?"라고 질문해 주세요.
　　　　　2. 실제 수모형을 사용하거나 부록카드(71~100번)를 사용해서 활동해 보세요.

**함께 하기**　하나처럼 생각하며 아래 덧셈을 풀어봅시다.

❶

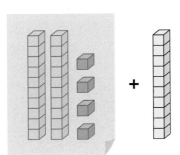

**24 + 10 =** ⬜

❷

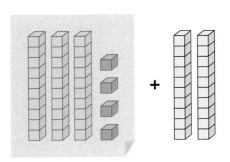

**34 + 20 =** ⬜

**함께 하기**   하나처럼 생각하며 아래 덧셈을 풀어보세요.

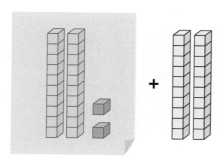

$$22 + 20 =$$

❷

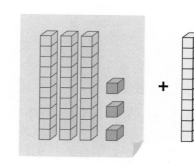

$$33 + 30 =$$

❸

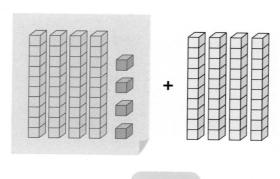

$$44 + 40 =$$

❹

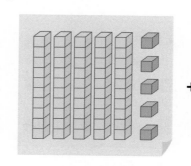

$$55 + 20 =$$

❺

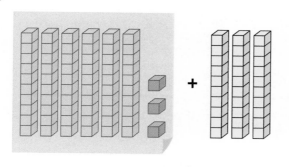

$$63 + 30 =$$

❻

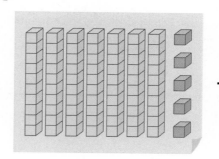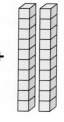

$$75 + 20 =$$

선생님

**32 + 30**은 얼마일까요?
어떻게 알았나요?

| 1 | 2 | 3 | 4 | 5 | 6 | 7 | 8 | 9 | 10 |
|---|---|---|---|---|---|---|---|---|---|
| 11 | 12 | 13 | 14 | 15 | 16 | 17 | 18 | 19 | 20 |
| 21 | 22 | 23 | 24 | 25 | 26 | 27 | 28 | 29 | 30 |
| 31 | 32 | 33 | 34 | 35 | 36 | 37 | 38 | 39 | 40 |
| 41 | 42 | 43 | 44 | 45 | 46 | 47 | 48 | 49 | 50 |
| 51 | 52 | 53 | 54 | 55 | 56 | 57 | 58 | 59 | 60 |
| 61 | 62 | 63 | 64 | 65 | 66 | 67 | 68 | 69 | 70 |
| 71 | 72 | 73 | 74 | 75 | 76 | 77 | 78 | 79 | 80 |
| 81 | 82 | 83 | 84 | 85 | 86 | 87 | 88 | 89 | 90 |
| 91 | 92 | 93 | 94 | 95 | 96 | 97 | 98 | 99 | 100 |

100숫자판 32에서 아래로 3칸 이동했어요.
32에서 42! 52! 62! 따라서 답은 62입니다.

새나

**Guide** 100숫자판에서 아래로 1칸 이동하면 10씩 더해진다는 것을 알려주세요.

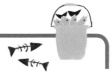

**함께 하기** 새나처럼 숫자판에 표시하여 아래 덧셈을 풀어봅시다.

❶ **45 + 40 =** [ ]  ❷ **23 + 70 =** [ ]

## 스스로 하기   새나처럼 숫자판에 표시하며 아래의 덧셈을 풀어보세요.

| 1 | 2 | 3 | 4 | 5 | 6 | 7 | 8 | 9 | 10 |
|---|---|---|---|---|---|---|---|---|----|
| 11 | 12 | 13 | 14 | 15 | 16 | 17 | 18 | 19 | 20 |
| 21 | 22 | 23 | 24 | 25 | 26 | 27 | 28 | 29 | 30 |
| 31 | 32 | 33 | 34 | 35 | 36 | 37 | 38 | 39 | 40 |
| 41 | 42 | 43 | 44 | 45 | 46 | 47 | 48 | 49 | 50 |
| 51 | 52 | 53 | 54 | 55 | 56 | 57 | 58 | 59 | 60 |
| 61 | 62 | 63 | 64 | 65 | 66 | 67 | 68 | 69 | 70 |
| 71 | 72 | 73 | 74 | 75 | 76 | 77 | 78 | 79 | 80 |
| 81 | 82 | 83 | 84 | 85 | 86 | 87 | 88 | 89 | 90 |
| 91 | 92 | 93 | 94 | 95 | 96 | 97 | 98 | 99 | 100 |

❶ $17 + 30 =$

❷ $23 + 50 =$

❸ $33 + 50 =$

❹ $48 + 50 =$

❺ $32 + 60 =$

❻ $15 + 80 =$

❼ $46 + 40 =$

❽ $29 + 70 =$

3) 100숫자판을 이용하여 10씩 빼기

선생님

**32 - 10**은 얼마일까요?
어떻게 알았나요?

| 1 | 2 | 3 | 4 | 5 | 6 | 7 | 8 | 9 | 10 |
|---|---|---|---|---|---|---|---|---|---|
| 11 | 12 | 13 | 14 | 15 | 16 | 17 | 18 | 19 | 20 |
| 21 | 22 | 23 | 24 | 25 | 26 | 27 | 28 | 29 | 30 |
| 31 | 32 | 33 | 34 | 35 | 36 | 37 | 38 | 39 | 40 |
| 41 | 42 | 43 | 44 | 45 | 46 | 47 | 48 | 49 | 50 |
| 51 | 52 | 53 | 54 | 55 | 56 | 57 | 58 | 59 | 60 |
| 61 | 62 | 63 | 64 | 65 | 66 | 67 | 68 | 69 | 70 |
| 71 | 72 | 73 | 74 | 75 | 76 | 77 | 78 | 79 | 80 |
| 81 | 82 | 83 | 84 | 85 | 86 | 87 | 88 | 89 | 90 |
| 91 | 92 | 93 | 94 | 95 | 96 | 97 | 98 | 99 | 100 |

10 작은 수

숫자판 32에서 위로 한 칸 이동했어요.
답은 22입니다.

두리

**Guide** 숫자판에서 위로 1칸 이동하면 10씩 작아진다는 것을 알려주세요.

**함께 하기** 숫자판을 이용해 아래 뺄셈을 풀어봅시다.

❶ **15 - 10 =**

❷ **22 - 10 =**

❸ **39 - 20 =**

❹ **46 - 30 =**

**스스로 하기** 숫자판에 표시하며 아래 뺄셈을 풀어보세요.

| 1 | 2 | 3 | 4 | 5 | 6 | 7 | 8 | 9 | 10 |
|---|---|---|---|---|---|---|---|---|---|
| 11 | 12 | 13 | 14 | 15 | 16 | 17 | 18 | 19 | 20 |
| 21 | 22 | 23 | 24 | 25 | 26 | 27 | 28 | 29 | 30 |
| 31 | 32 | 33 | 34 | 35 | 36 | 37 | 38 | 39 | 40 |
| 41 | 42 | 43 | 44 | 45 | 46 | 47 | 48 | 49 | 50 |
| 51 | 52 | 53 | 54 | 55 | 56 | 57 | 58 | 59 | 60 |
| 61 | 62 | 63 | 64 | 65 | 66 | 67 | 68 | 69 | 70 |
| 71 | 72 | 73 | 74 | 75 | 76 | 77 | 78 | 79 | 80 |
| 81 | 82 | 83 | 84 | 85 | 86 | 87 | 88 | 89 | 90 |
| 91 | 92 | 93 | 94 | 95 | 96 | 97 | 98 | 99 | 100 |

❶ 47 − 30 =

❷ 56 − 20 =

❸ 78 − 50 =

❹ 94 − 70 =

❺ 82 − 60 =

❻ 99 − 80 =

❼ 38 − 20 =

❽ 61 − 40 =

## 더 알아보기 선생님과 함께 아래 뺄셈을 풀어봅시다.

Guide 1. 수모형을 잠깐 보여주고 가린 후 질문해 주세요. 예) "14빼기 10은 얼마일까요?"(10모형을 빼면서)
2. 학생이 정답을 말하면 가리개를 빼고 확인합니다.

**❶**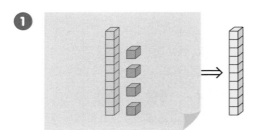

**14 - 10 =**

**❷**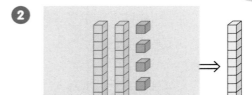

**25 - 10 =**

**❸**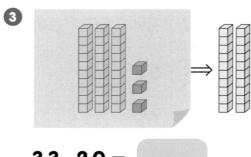

**33 - 20 =**

**❹**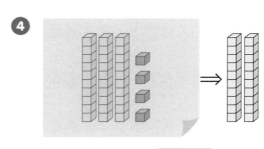

**34 - 20 =**

**❺**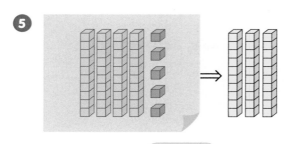

**45 - 30 =**

**❻**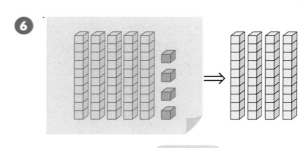

**54 - 40 =**

**❼**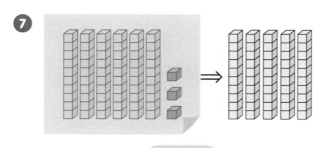

**63 - 50 =**

**❽**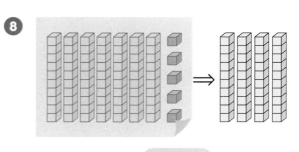

**75 - 40 =**

## 이해하기

1) 구슬틀을 이용한 두 자릿수 + 한 자릿수

준비물 : 구슬틀

선생님: 윗줄에 구슬의 개수는 모두 몇입니까?

마루: 10이요.

선생님: 아랫줄에 구슬의 개수는 모두 몇입니까?

마루: 1이요.

선생님: 그럼 구슬의 개수는 모두 몇입니까?

마루: 윗줄에는 구슬이 10, 아랫줄에는 구슬이 1이니까 모두 11이요!

선생님: 그럼 10+1은 얼마일까요?

마루: 11이요.

Guide  소프트웨어 구슬틀을 활용해 보세요.
http://www.mathlearningcenter.org/web-apps/number-rack

## 함께 하기

구슬틀을 활용해 아래 덧셈을 풀어봅시다.

❶ 윗줄 구슬의 개수는 10, 아랫줄 구슬의 개수는 2입니다. 구슬의 개수는 모두 몇입니까?

(          ) 개

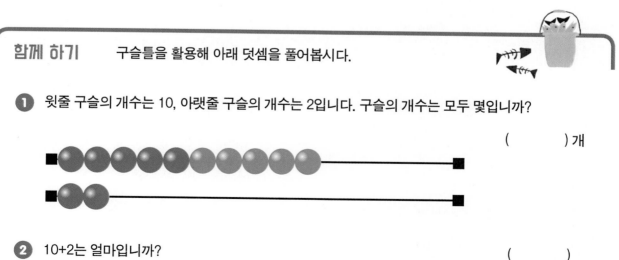

❷ 10+2는 얼마입니까?

(          )

**1** 윗줄에 구슬의 개수는 10입니다. 아랫줄에 구슬의 개수는 3입니다. 구슬의 개수는 모두 몇입니까?
10+3은 얼마인가요?

모두 (　　　　) 개　　　10+3= (　　　　　)

**2** 윗줄에 구슬의 개수는 10입니다. 아랫줄에 구슬의 개수는 4입니다. 구슬의 개수는 모두 몇입니까?
10+4는 얼마인가요?

모두 (　　　　) 개　　　10+4= (　　　　　)

**3** 윗줄에 구슬의 개수는 10입니다. 아랫줄에 구슬의 개수는 5입니다. 구슬의 개수는 모두 몇입니까?
10+5는 얼마인가요?

모두 (　　　　) 개　　　10+5= (　　　　　)

**4** 윗줄에 구슬의 개수는 10입니다. 아랫줄에 구슬의 개수는 6입니다. 구슬의 개수는 모두 몇입니까?
10+6은 얼마인가요?

모두 (　　　　) 개　　　10+6= (　　　　　)

**5** 윗줄에 구슬의 개수는 10입니다. 아랫줄에 구슬의 개수는 7입니다. 구슬의 개수는 모두 몇입니까?
10+7은 얼마인가요?

모두 (　　　　) 개　　　10+7= (　　　　　)

**6** 윗줄에 구슬의 개수는 10입니다. 아랫줄에 구슬의 개수는 8입니다. 구슬의 개수는 모두 몇입니까?
10+8은 얼마인가요?

모두 (　　　　) 개　　　10+8= (　　　　　)

**7** 윗줄에 구슬의 개수는 10입니다. 아랫줄에 구슬의 개수는 9입니다. 구슬의 개수는 모두 몇입니까?
10+9는 얼마인가요?

모두 (　　　　) 개　　　10+9= (　　　　　)

**8** 윗줄에 구슬의 개수는 10입니다. 아랫줄에 구슬의 개수는 10입니다. 구슬의 개수는 모두 몇입니까?
10+10은 얼마인가요?

모두 (　　　　) 개　　　10+10= (　　　　　)

선생님

(보여주고 가린다.)
10묶음이 모두 몇입니까?

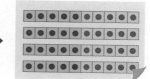

4입니다.

하나

그럼, 점의 개수는 모두 몇입니까?

10이 4개 있으니 40입니다.

이제 점 4개가 늘었어요.
그럼 이제 점의 개수는 모두 몇입니까?

41! 42! 43! 44! 답은 44입니다.

**Guide** 1. 교사의 마지막 질문에 학생이 답을 하면 가리개를 치우고 정답을 확인합니다.
2. 긴 10격자카드를 대신 연결큐브를 사용해서 활동해도 좋습니다.

---

**함께 하기** 그림을 보고 아래 물음에 답해봅시다. **Guide** 격자카드는 잠깐 보여주고 가린다.

❶

10묶음은 몇 개죠?
점의 개수는 모두 몇입니까?

(  제시한다. )
점 5개가 늘었어요.
이제 점의 개수는 모두 몇입니까?

❷

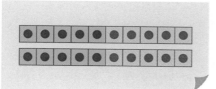

10묶음은 몇 개죠?
점의 개수는 모두 몇입니까?

( 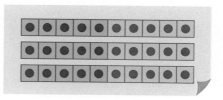 제시한다. )
점 6개가 늘었어요.
이제 점의 개수는 모두 몇입니까?

**①  20 + 3 =**

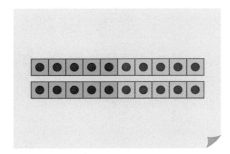

**②  30 + 4 =**

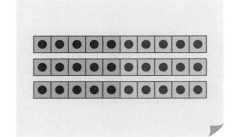

**③  40 + 5 =**

**④  50 + 7 =**

**⑤  50 + 8 =**

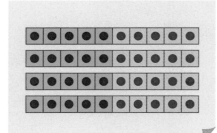

**⑥  60 + 9 =**

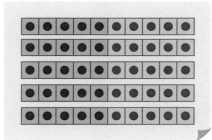

여기 빨간 점이 모두 14입니다.
(2초 후 가린다.)

선생님

  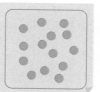

그리고 초록점이 3입니다.
(2초 후 가린다.)
그럼 점의 개수는 모두 몇이죠?

14에서 이어 세면 15, 16, 17.
답은 17 입니다!

하나

**Guide**  1. 초록점 3개를 먼저 제시한 후 빨간점 14개를 제시했을 때의 계산과정을 비교해 보세요.
2. 다양한 도트카드를 만들어 두 자릿수+한 자릿수 활동을 해 보세요.

**함께 하기**  선생님과 아래 활동을 해 보세요.          **Guide** 각각의 카드는 보여주고 2초 후 가린다.

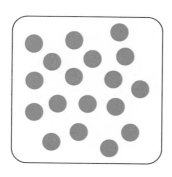  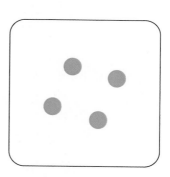

빨간 점이 모두 18입니다. 그리고 초록 점이 모두 4입니다.
점의 개수는  모두 몇입니까?

(      )에서 이어 세면 (      ), (      ), (      ), (      ).
답은 (      )입니다!

선생님

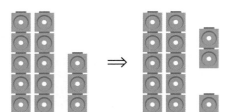
**13+8**은 얼마인가요?
어떻게 계산했나요?

먼저 13을 11과 2로 갈랐어요.

마루

네, 그 다음은 어떻게 하죠?

2를 8과 더해 10을 만들고
남아 있는 11을 더해요.
11+10=21, 답은 21입니다.

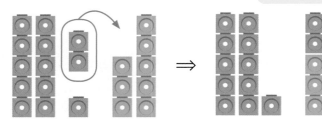

**13+8**

**11** + **10** = **21**

**Guide**   연결큐브를 활용해 10이 보수를 찾는 연습을 많이 합니다. 선생님이 한 자리 숫자를 빠르게 불러주면 학생은
10의 보수를 찾아 말하는 게임 형식으로 연습하는 것도 좋습니다.

**함께 하기**   연결큐브를 사용해 다음 덧셈을 풀어봅시다.

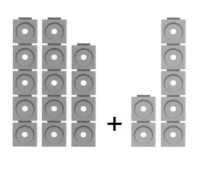

⇒

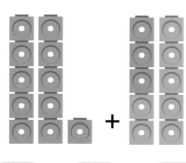

**14 + 7**

  +   =  

**①**

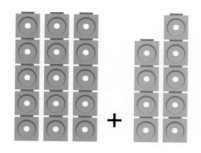 $\Rightarrow$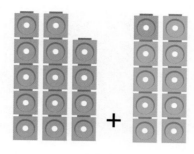

**15 + 9 =**

☐ + ☐ = ☐

**②**

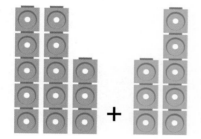 $\Rightarrow$

**13 + 8 =**

☐ + ☐ = ☐

**③**

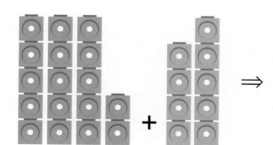 $\Rightarrow$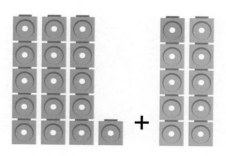

**17 + 9 =**

☐ + ☐ = ☐

5) 수모형을 이용한 두 자릿수 + 한 자릿수 ① 준비물 : 수모형, 가리개

선생님

① ( 잠깐 보여주고 가린다.)
　🔳 개수는 몇입니까?
② ( 🔳 2개를 추가한다.)
　🔳 2개를 추가하면 모두 몇입니까?

①  ⇒ ②

빨간색 2입니다.
빨간색 2, 초록색 2이니까 모두 4입니다.

하나

★활동
(10묶음 1개를 잠깐 보여주고 가린다.)
이제 10 묶음 1개가 늘었어요.
모두 몇입니까?

10묶음 1개 추가 ⇒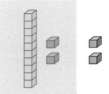

2+2=4이니까 12+2는 14! 답은 14입니다.

 Guide
1. 음영이 있는 부분은 가리개(포스틱이나 부채)로 가립니다.
2. 학생이 답을 말하면 가리개를 치우고, 정답을 확인시켜 주세요.
3. 실제 수모형이나 부록 (71~100번)을 사용해서 활동해 보세요.

## 함께 하기    위의 ★활동에 이어서 다음 덧셈을 풀어봅시다.

❶

10묶음
1개 추가
⇒

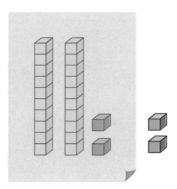

☐ + **2** = ☐

❷

10묶음
1개 추가
⇒

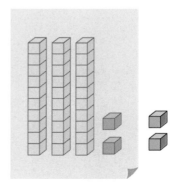

☐ + **2** = ☐

**1**   ① ( 🟫2개를 보여주고 가린다. 🟫3개를 보여준다.)
   ② (10묶음 5개를 추가한다.)

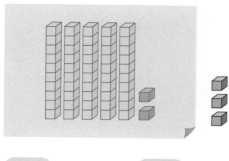

③ 10묶음
1개를
추가한다.
⇒

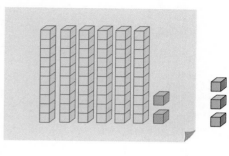

☐ **+ 3 =** ☐        ☐ **+ 3 =** ☐

**2**   ① ( 🟫3개를 보여주고 가린다. 🟫4개를 보여준다.)
   ② (10묶음 6개를 추가한다.)

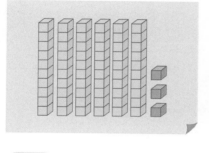

③ 10묶음
1개를
추가한다.
⇒

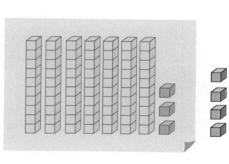
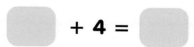

☐ **+ 4 =** ☐        ☐ **+ 4 =** ☐

**3**   ① ( 🟫4개를 보여주고 가린다. 🟫5개를 보여준다.)
   ② (10묶음 7개를 추가한다.)

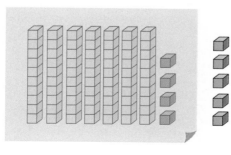

③ 10묶음
1개를
추가한다.
⇒

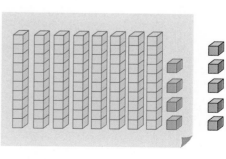

☐ **+ 5 =** ☐        ☐ **+ 5 =** ☐

6) 수모형을 활용한 두 자릿수 + 한 자릿수 ② 　　준비물 : 수모형(부록: 71~100번), 가리개

선생님

(보여주고 가린 후) 의 개수는 몇입니까?
(보여주고) 의 개수는 몇입니까?

빨간색 5, 초록색 2요.

하나

그럼 모두 몇입니까?

빨간색은 5, 초록색은 2니까
모두 더하면 7입니다.

★활동
(10묶음 1개를 추가한다.)
10묶음 1개가 늘었어요.
이제 모두 몇입니까?

10묶음
1개 추가
⇒

5+2=7이니까 15+2는 17예요.

Guide　1. 10묶음 1개를 보여준 후 가리개 속으로 추가해 주세요.
　　　　2. 앞의 덧셈의 결과(5+2=7)를 생각하여 15+2를 풀 수 있게 지도해 주세요.

---

**함께 하기**　　위의 ★활동에 이어서 다음 덧셈을 풀어봅시다.

❶　10묶음 1개를 보여주고 추가한다.

⇓

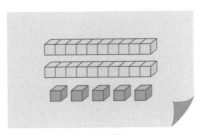

　　＋ 2 ＝

❷　10묶음 1개를 보여주고 추가한다.

⇓

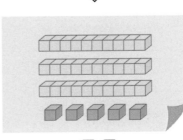

　　＋ 2 ＝

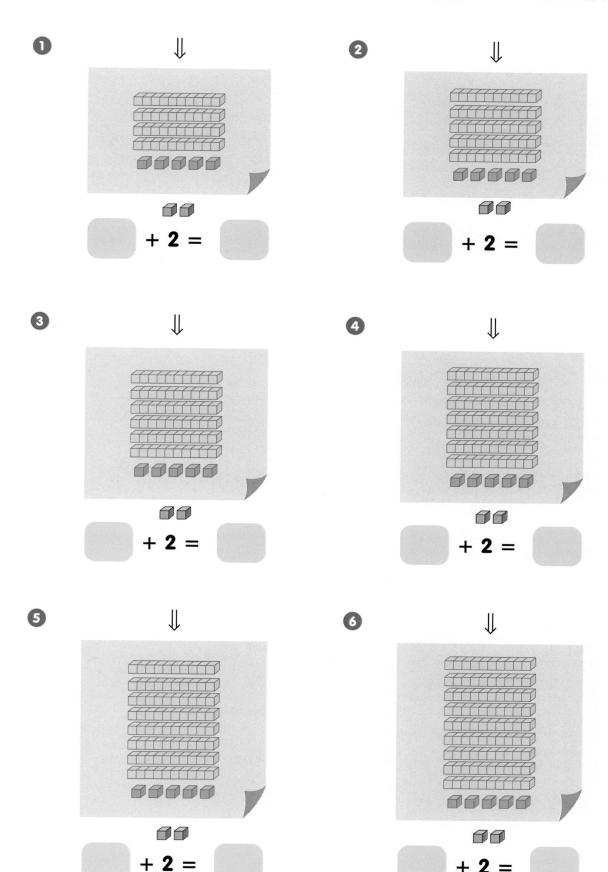

❶ ⇓

[   ] + **2** = [   ]

❷ ⇓

[   ] + **2** = [   ]

❸ ⇓

[   ] + **2** = [   ]

❹ ⇓

[   ] + **2** = [   ]

❺ ⇓

[   ] + **2** = [   ]

❻ ⇓

[   ] + **2** = [   ]

**❶**

2 + 3 = 5

12 + 3 = 15

22 + 3 = 25

32 + 3 = ☐

**❷**

4 + 5 = ☐

14 + 5 = ☐

☐ + 5 = ☐

☐ + ☐ = ☐

**❸**

6 + 3 = ☐

☐ + ☐ = ☐

☐ + ☐ = ☐

☐ + ☐ = ☐

**❹**

4 + 4 = 8

14 + 4 = 18

24 + 4 = 28

34 + 4 = ☐

44 + 4 = ☐

☐ + 4 = ☐

☐ + 4 = ☐

☐ + ☐ = ☐

☐ + ☐ = ☐

☐ + ☐ = ☐

**❺**

5 + 2 = ☐

15 + 2 = ☐

25 + 2 = ☐

35 + 2 = ☐

45 + 2 = ☐

☐ + 2 = ☐

☐ + 2 = ☐

☐ + ☐ = ☐

☐ + ☐ = ☐

☐ + ☐ = ☐

## 묻고 답하기  다음의 덧셈을 풀어봅시다.

**Guide** 음영 부분은 가리개로 가리세요.

**❶**

4    2

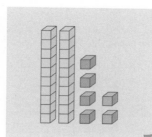

4 + 2 =

**2**4 + 2 =

**❷**

2    3

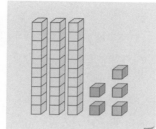

2 + 3 =

**3**2 + 3 =

**❸**

5    4

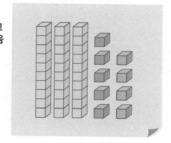

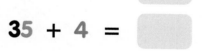

5 + 4 =

**3**5 + 4 =

**❹**

1    4

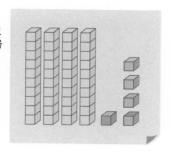

1 + 4 =

**4**1 + 4 =

**❺**

4    5

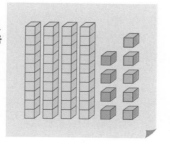

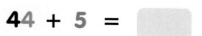

4 + 5 =

**4**4 + 5 =

**1**　다음 문제를 머리셈으로 풀어봅시다.

| | | |
|---|---|---|
| $2 + 4 =$ | $4 + 5 =$ | $5 + 7 =$ |
| $12 + 4 =$ | $14 + 5 =$ | $15 + 7 =$ |
| $32 + 4 =$ | $34 + 5 =$ | $35 + 7 =$ |
| $52 + 4 =$ | $54 + 5 =$ | $55 + 7 =$ |

| | | |
|---|---|---|
| $20 + 10 =$ | $30 + 20 =$ | $40 + 20 =$ |
| $22 + 10 =$ | $33 + 20 =$ | $46 + 20 =$ |
| $20 + 13 =$ | $33 + 21 =$ | $43 + 23 =$ |
| $24 + 13 =$ | $35 + 27 =$ | $44 + 26 =$ |

| | | |
|---|---|---|
| $50 + 10 =$ | $45 + 20 =$ | $60 + 20 =$ |
| $56 + 10 =$ | $45 + 30 =$ | $69 + 20 =$ |
| $56 + 12 =$ | $45 + 42 =$ | $69 + 12 =$ |
| $56 + 16 =$ | $45 + 46 =$ | $69 + 17 =$ |

| | | |
|---|---|---|
| $30 + 40 =$ | $50 + 20 =$ | $50 + 30 =$ |
| $30 + 47 =$ | $54 + 20 =$ | $58 + 30 =$ |
| $37 + 40 =$ | $54 + 22 =$ | $50 + 38 =$ |
| $37 + 47 =$ | $54 + 28 =$ | $58 + 38 =$ |

| | | |
|---|---|---|
| $40 + 10 =$ | $30 + 20 =$ | $60 + 20 =$ |
| $48 + 10 =$ | $34 + 20 =$ | $68 + 20 =$ |
| $43 + 13 =$ | $34 + 23 =$ | $68 + 30 =$ |
| $40 + 17 =$ | $54 + 20 =$ | $60 + 34 =$ |

**2**　보배는 2+4가 6인 것은 금방 떠오르지만 32+4는 종이에 따로 써야만 계산이 된다고 합니다.
　　보배가 32+4를 금방 알아내는 방법이 있을까요?

**3**　하나는 5+7이 12인 것은 금방 떠오르지만 15+7은 종이에 따로 써야만 계산이 된다고 합니다.
　　하나가 15+7을 머리셈으로 계산할 수 있는 방법이 있을까요?

## 이해하기    1) 연결큐브를 이용한 두 자릿수 – 한 자릿수 ①

준비물 : 연결큐브, 가리개

 선생님

(잠깐 보여주고 가린 후)
연결큐브의 개수는 모두 몇입니까?

10묶음이 3개! 낱개가 6! 모두 36입니다.

하나

(모두 가리개로 가린 후) 연결큐브 6개를 아래로 빼 놓았어요.
이제 가리개 속의 연결큐브 개수는 모두 몇입니까?

10묶음 3개만 남았으니 모두 30입니다.

 ⇒

**Guide**  교사의 질문에 학생이 잘 대답하지 못하면 가리개를 가리지 않고 질문해도 좋습니다.
차차 익숙해지면 가리개로 가린 후 질문해 주세요.

## 함께 하기    〈이해하기〉를 참고하여 아래 뺄셈을 풀어봅시다.

❶    **24 - 4 =**

❷    **47 - 7 =**

↙ 낱개 4개를 빼면서

↙ 낱개 7개를 빼면서

**❸** 34 - 4 =

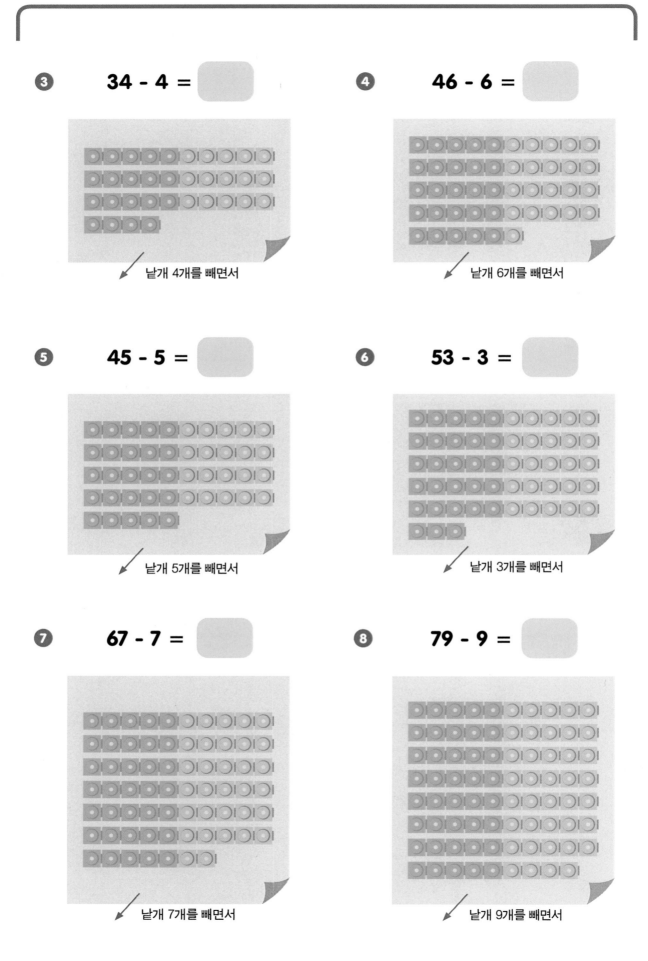

낱개 4개를 빼면서

**❹** 46 - 6 =

낱개 6개를 빼면서

**❺** 45 - 5 =

낱개 5개를 빼면서

**❻** 53 - 3 =

낱개 3개를 빼면서

**❼** 67 - 7 =

낱개 7개를 빼면서

**❽** 79 - 9 =

낱개 9개를 빼면서

준비물 : 연결큐브, 가리개

선생님

(잠깐 보여 주고 가린 후)
연결큐브의 개수는 모두 몇입니까?

10묶음이 4개니까 40입니다.

하나

낱개 2개를 가렸어요.
이제 몇 개가 보일까요?

40에서 2번 거꾸로 세면 39, 38. 답은 38!

**Guide**
1. 학생이 답을 말하면 가리개를 치우고 확인시켜 주세요.
2. 손가락이나 포스틱을 가리개로 활용해 보세요.
3. 연결큐브 대신 격자카드를 활용해 활동을 해도 좋습니다.

---

**함께 하기**    하나처럼 생각하며 아래 뺄셈을 풀어봅시다.

❶ **20 - 4 =** 

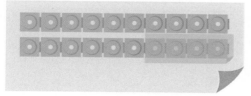

(낱개 4개를 가리고)

❷ **40 - 6 =** 

(낱개 6개를 가리고)

**3** 30 - 3 =

**4** 40 - 5 =

**5** 50 - 6 = 

**6** 60 - 7 = 

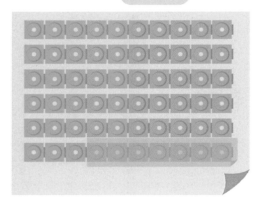

**7** 70 - 8 = 

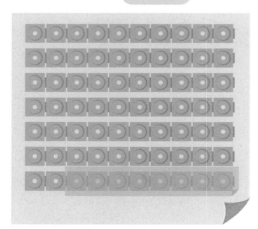

**8** 80 - 9 = 

선생님

윗줄의 구슬의 개수는 10,
아랫줄의 구슬의 개수는 3입니다.
구슬의 개수는 모두 몇입니까?

모두 13이요.

마루

아랫줄에서 구슬 2를 뺐습니다.
이제 남은 구슬의 개수는 몇입니까?

13에서 2번 거꾸로 세면 12, 11!
답은 11이에요!

**Guide**  연습용 소프트웨어도 함께 활용해 보세요.
https://www.mathlearningcenter.org/web-apps/number-rack

---

**함께 하기**    구슬틀을 사용해 아래 덧셈을 풀어봅시다.

❶ **17 - 2 =**

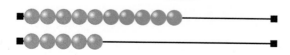

(1) 구슬의 개수는 모두 몇입니까?        (        )
(2) 아랫줄 구슬 2를 빼면 남는 구슬은 몇입니까?
                                        (        )

❷ **14 - 3 =**

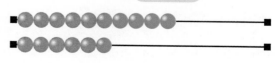

(1) 구슬의 개수는 모두 몇입니까?        (        )
(2) 아랫줄 구슬 3을 빼면 남는 구슬은 몇입니까?
                                        (        )

❸ **15 - 6 =**

(1) 구슬의 개수는 모두 몇입니까?        (        )
(2) 아랫줄 구슬 6을 빼면 남는 구슬은 몇입니까?
                                        (        )

❹ **16 - 7 =**

(1) 구슬의 개수는 모두 몇입니까?        (        )
(2) 아랫줄 구슬 7을 빼면 남는 구슬은 몇입니까?
                                        (        )

**①　20 - 4 =**

(1) 구슬의 개수는 모두 몇입니까?　(　　)

(2) 아랫줄 구슬 4를 빼면 남는 구슬은
　　몇입니까?　　　　　　　　（　　）

**②　19 - 6 =**

(1) 구슬의 개수는 모두 몇입니까?　(　　)

(2) 아랫줄 구슬 6을 빼면 남는 구슬은
　　몇입니까?　　　　　　　　（　　）

**③　18 - 8 =**

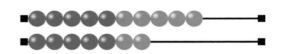

(1) 구슬의 개수는 모두 몇입니까?　(　　)

(2) 아랫줄 구슬 8을 빼면 남는 구슬은
　　몇입니까?　　　　　　　（　　）

**④　17 - 9 =**

(1) 구슬의 개수는 모두 몇입니까?　(　　)

(2) 아랫줄 구슬 9를 빼면 남는 구슬은
　　몇입니까?　　　　　　　（　　）

**⑤　16 - 7 =**

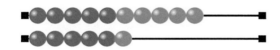

(1) 구슬의 개수는 모두 몇입니까?　(　　)

(2) 아랫줄 구슬 7을 빼면 남는 구슬은
　　몇입니까?　　　　　　　（　　）

**⑥　13 - 5 =**

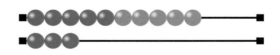

(1) 구슬의 개수는 모두 몇입니까?　(　　)

(2) 아랫줄 구슬 5를 빼면 남는 구슬은
　　몇입니까?　　　　　　　（　　）

**⑦　15 - 6 =**

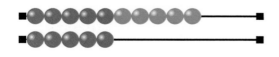

(1) 구슬의 개수는 모두 몇입니까?　(　　)

(2) 아랫줄 구슬 6을 빼면 남는 구슬은
　　몇입니까?　　　　　　　（　　）

**⑧　14 - 9 =**

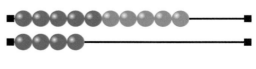

(1) 구슬의 개수는 모두 몇입니까?　(　　)

(2) 아랫줄 구슬 9를 빼면 남는 구슬은
　　몇입니까?　　　　　　　（　　）

하람이처럼 생각하며 아래 뺄셈을 풀어 보세요(빼는 만큼 지워가며).

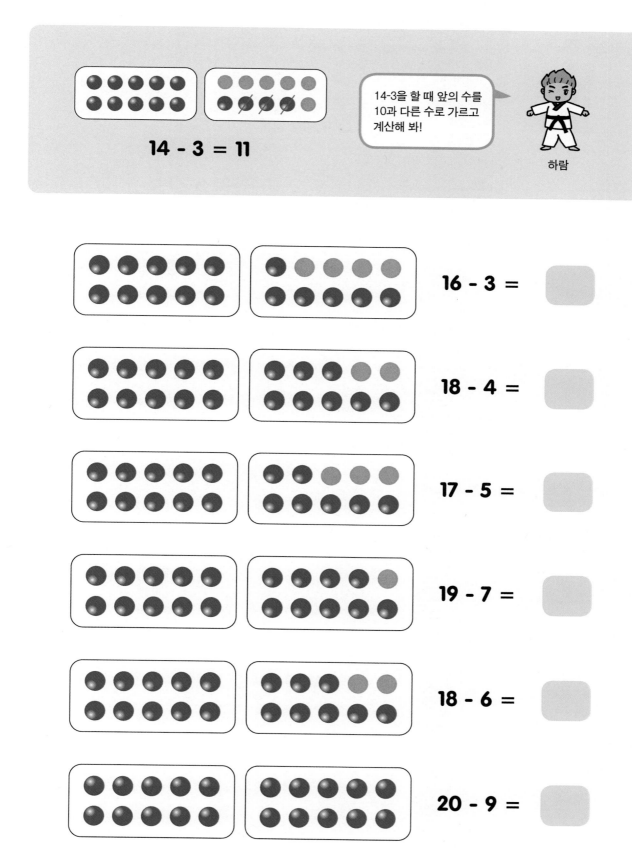

14 - 3 = 11

14-3을 할 때 앞의 수를 10과 다른 수로 가르고 계산해 봐!

하람

16 - 3 =

18 - 4 =

17 - 5 =

19 - 7 =

18 - 6 =

20 - 9 =

난 25-8을 풀 때, 먼저 25를 10과 15로 갈랐어.
15-8을 먼저 계산하고 그 계산값(7)에 10을 더하면 돼.
10+7=17이니까 답은 17이야!

두리

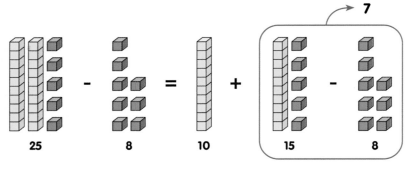

Guide    1. 부록(71~100번)에 있는 수모형이나 실제 수모형을 활용해서 활동해 보세요.
           2. 25를 20과 5로 나누지 않고 15와 10으로 나눈 이유에 대해 생각해 보세요.

**함께 하기**    두리처럼 생각하며 아래 뺄셈을 풀어봅시다.

❶ **35 - 7 =**

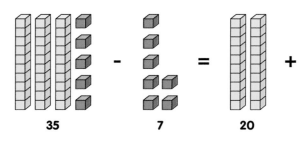
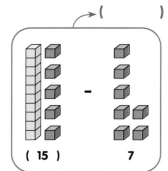

❷ **33 - 6 =**

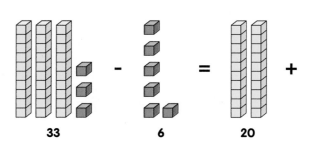
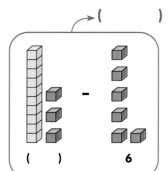

두리처럼 생각하며 아래 뺄셈을 풀어봅시다.

**①  23 - 5 =**

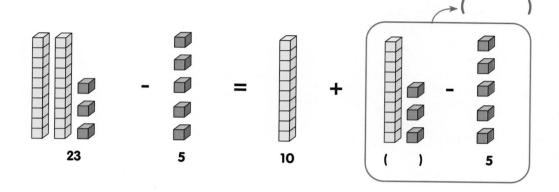

**②  22 - 7 =**

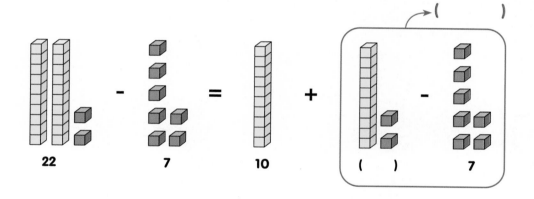

**③  34 - 6 =**

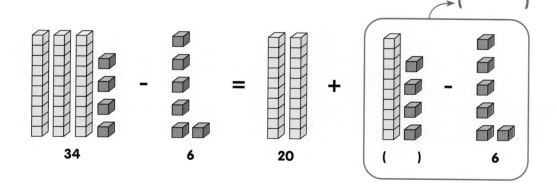

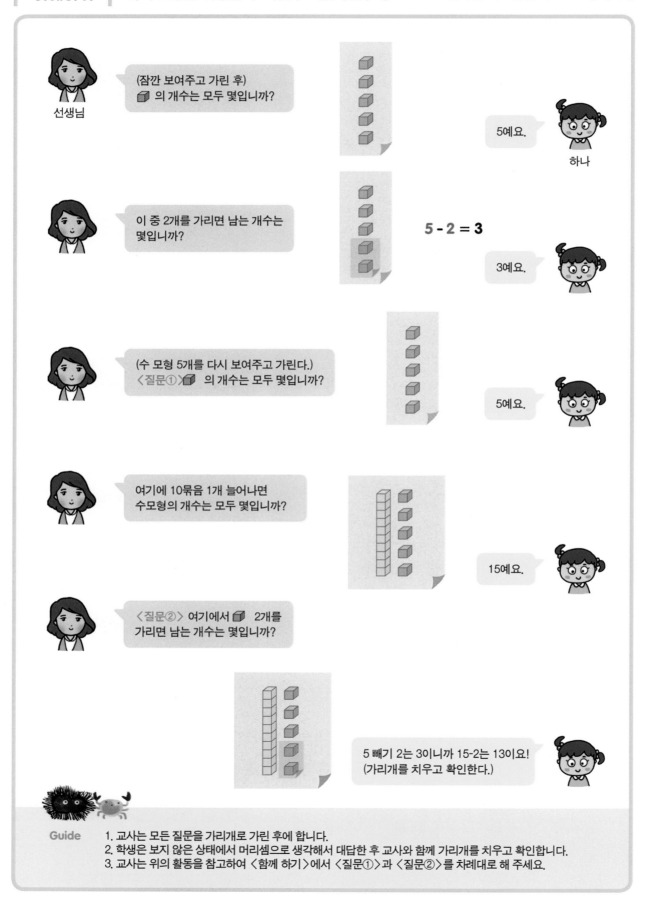

앞의 활동에 이어 아래 뺄셈을 풀어봅시다.

Guide　1씩 세지 않고 앞 결과를 이용해 추론할 수 있게 도와주세요.

**①** 25 - 2 =

▼ 수모형 10묶음 1개 추가

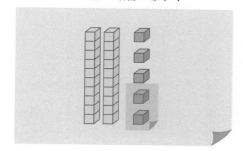

**②** 35 - 2 =

▼ 수모형 10묶음 1개 추가

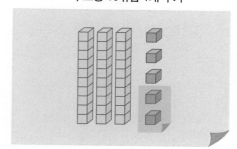

**③** 45 - 2 =

▼ 수모형 10묶음 1개 추가

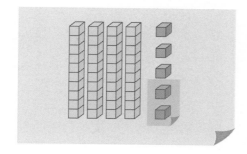

**④** 55 - 2 =

▼ 수모형 10묶음 1개 추가

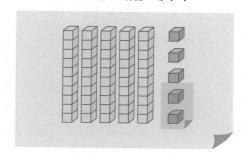

**⑤** 65 - 2 =

▼ 수모형 10묶음 1개 추가

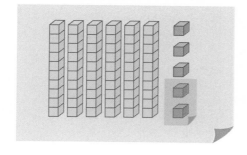

**⑥** 75 - 2 =

▼ 수모형 10묶음 1개 추가

선생님

(잠깐 보여주고 가린 후)
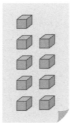 의 개수는 모두 몇입니까?

9입니다.

하나

이 중 6개를 가리면 남는 개수는
몇입니까?

3입니다.
(가리개를 치우고
9-6=3임을 확인한다.)

( 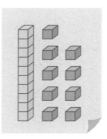 9개를 다시 보여주고 가린다.)
〈질문①〉 여기에 10개가 늘어나면
개수는 몇입니까?

19입니다.

〈질문②〉 여기에서 6개를 가리면
남는 개수는 모두 몇입니까?

9 빼기 6은 3이니까 19-6는 13입니다!
(가리개를 치우고 확인한다.)

**Guide**   1. 교사는 모든 질문을 가리개로 가린 후에 합니다.
      2. 학생은 수모형을 보지 않은 상태에서 생각해서 대답합니다.
      3. 교사는 위의 활동을 참고하여 〈함께 하기〉에서 〈질문①〉과 〈질문②〉를 차례대로 해 주세요.

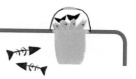

**함께 하기**    앞의 활동에 이어서 다음 뺄셈을 풀어봅시다.

**①**    ▼ 수모형 10묶음 1개 추가

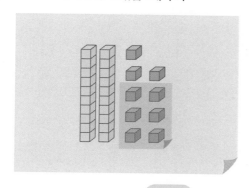

**29 - 6 =**

**②**    ▼ 수모형 10묶음 1개 추가

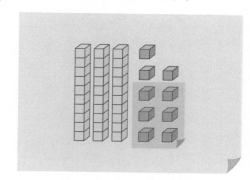

**39 - 6 =**

**③**    ▼ 수모형 10묶음 1개 추가

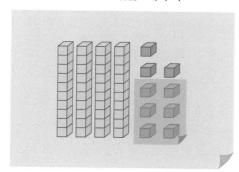

**49 - 6 =**

**④**    ▼ 수모형 10묶음 1개 추가

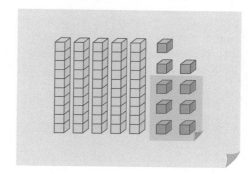

**59 - 6 =**

**⑤**    ▼ 수모형 10묶음 1개 추가

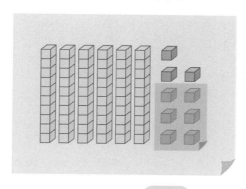

**69 - 6 =**

**⑥**    ▼ 수모형 10묶음 1개 추가

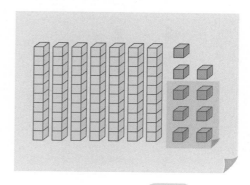

**79 - 6 =**

**스스로 하기** 수식을 보면서 아래에는 어떤 식이 올지 예상하여 빈칸에 써 봅시다.

❶

$$7 - 4 = 3$$
$$17 - 4 = 13$$
$$27 - 4 = 23$$
$$37 - 4 = \boxed{\phantom{0}}$$
$$47 - 4 = \boxed{\phantom{0}}$$
$$\boxed{\phantom{0}} - 4 = \boxed{\phantom{0}}$$
$$\boxed{\phantom{0}} - 4 = \boxed{\phantom{0}}$$
$$\boxed{\phantom{0}} - 4 = \boxed{\phantom{0}}$$
$$\boxed{\phantom{0}} - \boxed{\phantom{0}} = \boxed{\phantom{0}}$$
$$\boxed{\phantom{0}} - \boxed{\phantom{0}} = \boxed{\phantom{0}}$$

❷

$$6 - 3 = 3$$
$$16 - 3 = 13$$
$$26 - 3 = 23$$
$$36 - 3 = \boxed{\phantom{0}}$$
$$46 - 3 = \boxed{\phantom{0}}$$
$$\boxed{\phantom{0}} - 3 = \boxed{\phantom{0}}$$
$$\boxed{\phantom{0}} - 3 = \boxed{\phantom{0}}$$
$$\boxed{\phantom{0}} - 3 = \boxed{\phantom{0}}$$
$$\boxed{\phantom{0}} - \boxed{\phantom{0}} = \boxed{\phantom{0}}$$
$$\boxed{\phantom{0}} - \boxed{\phantom{0}} = \boxed{\phantom{0}}$$

❸

$$8 - 2 = 6$$
$$18 - 2 = 16$$
$$28 - 2 = 26$$
$$38 - 2 = \boxed{\phantom{0}}$$
$$48 - 2 = \boxed{\phantom{0}}$$
$$\boxed{\phantom{0}} - 2 = \boxed{\phantom{0}}$$
$$\boxed{\phantom{0}} - 2 = \boxed{\phantom{0}}$$
$$\boxed{\phantom{0}} - 2 = \boxed{\phantom{0}}$$
$$\boxed{\phantom{0}} - \boxed{\phantom{0}} = \boxed{\phantom{0}}$$
$$\boxed{\phantom{0}} - \boxed{\phantom{0}} = \boxed{\phantom{0}}$$

❹

$$7 - 3 = 4$$
$$17 - 3 = 14$$
$$27 - 3 = 24$$
$$37 - 3 = \boxed{\phantom{0}}$$
$$47 - 3 = \boxed{\phantom{0}}$$
$$\boxed{\phantom{0}} - 3 = \boxed{\phantom{0}}$$
$$\boxed{\phantom{0}} - 3 = \boxed{\phantom{0}}$$
$$\boxed{\phantom{0}} - 3 = \boxed{\phantom{0}}$$
$$\boxed{\phantom{0}} - \boxed{\phantom{0}} = \boxed{\phantom{0}}$$
$$\boxed{\phantom{0}} - \boxed{\phantom{0}} = \boxed{\phantom{0}}$$

선생님

(잠깐 보여주고 가린 후)
연결큐브의 개수는 모두 몇입니까?

10묶음이 1개, 낱개가 2개, 모두 12예요.

하나

연결큐브 4개를 가렸어요.
이제 남은 연결큐브의 개수는 몇입니까?

12에서 거꾸로 4번 세면 11, 10, 9, 8.
답은 8이요! (가리개를 치우고 확인한다.)

식으로 표현하면 어떻게 될까요?

12-4=8이에요.

(모든 가리개를 치우고
처음의 연결큐브 12개를 2초 보여주고 가린다.)
연결큐브의 개수는 모두 몇입니까?

12예요.

(연결큐브 10묶음 1개를 추가하며)
이제 연결큐브가 10묶음 1개가 늘었어요.
그럼 이제 연결큐브의 개수는 모두 몇입니까?

22예요.

연결큐브 낱개 4개를 가렸어요.
이제 남은 연결큐브의 개수는 몇입니까?

22 빼기 8은 12 빼기 8보다 10이 많아요.
12 빼기 4가 8이니까 답은 18이에요.
(가리개를 치우고 확인한다.)

**Guide**    모든 질문은 가리개로 가린 후 질문해 주세요. 1씩 세지 않고 앞의 결과를 이용하여 추론할 수 있게 도와주세요.

## 함께 하기   앞의 활동에 이어서 선생님과 대화하며 아래 문제를 풀어봅시다.

 (10묶음 1개를 추가한 후) 연결큐브의 개수는 모두 몇입니까?

 (          ) 입니다.

 연결큐브 4개를 가리면 남은 연결큐브 개수는 모두 몇입니까?

 (          ) 입니다.

 식으로 표현하면 어떻게 될까요?

 (          ) 입니다.

❶
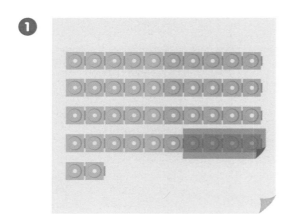

▲10묶음 1개 추가

❷

▲10묶음 1개 추가

❸
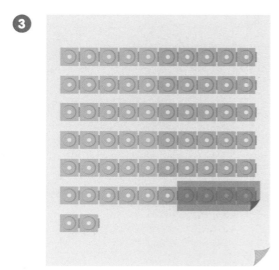

▲10묶음 1개 추가

❹

▲10묶음 1개 추가

**1**

11 - 8 = 3
21 - 8 = 13
31 - 8 = 23
41 - 8 = ☐
51 - 8 = ☐
☐ - 8 = ☐
☐ - 8 = ☐
☐ - 8 = ☐
☐ - ☐ = ☐

**2**

15 - 6 = 9
25 - 6 = 19
35 - 6 = 29
45 - 6 = ☐
55 - 6 = ☐
☐ - 6 = ☐
☐ - 6 = ☐
☐ - 6 = ☐
☐ - ☐ = ☐

**3**

13 - 7 = 6
23 - 7 = 16
33 - 7 = 26
43 - 7 = ☐
53 - 7 = ☐
☐ - 7 = ☐
☐ - 7 = ☐
☐ - 7 = ☐
☐ - ☐ = ☐

**4**

17 - 9 = 8
27 - 9 = 18
37 - 9 = 28
47 - 9 = ☐
57 - 9 = ☐
☐ - 9 = ☐
☐ - 9 = ☐
☐ - 9 = ☐
☐ - ☐ = ☐

## 전략 소개

**선생님**

**98+47**은 얼마일까요?
어떻게 알았는지 이야기해 봅시다.

**① 차례로 점프**

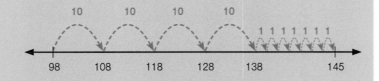

전 98에서 10씩 4번
1씩 7번 점프했어요.

10씩 4번 점프해서
108, 118, 128, 138!
1씩 7번 점프해서 139, 140,
141, 142, 143, 144, 145!
따라서 답은 145입니다!

**보배**

**② 오바 점프**

**두리**

전 98에서 47을 더할 때
47 대신 50을 더했어요.

98에서 50만큼 점프한 후, 3을 빼줬어요.
148-3=145니까, 답은 145입니다.

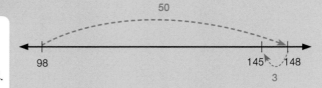

**③ 쉬운 수로 점프**

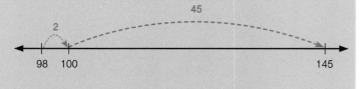

전 쉬운 수로 만들어
계산했어요.

① 98에서 2만큼 점프해서 100!
② 100에서 45를 점프해서
   145!
   답은 145입니다!

**새나**

**④ 갈라서 점프(스플릿 점프)**

**토리**

전 98과 47을 각각 십의 자리와 일의
자리로 갈라서 더했어요.

먼저 십의 자리끼리 더하기위해
① 90에서 40을 점프해서 130!
② 일의 자리인 8과 7(2와 5로 갈라서)을
   점프하면 145!
   답은 145입니다!

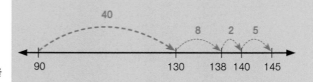

**⑤ 부분합**

| | 9 | 8 |
|---|---|---|
| + | 4 | 7 |
| 1 | 3 | 0 |
| | 1 | 5 |
| 1 | 4 | 5 |

저는 두 수(98, 47)를 자리수별로 가른 후 10의 자리부터 더했어요.

10의 자리끼리 더하면 90+40=130
그 후에 일의 자리끼리 더하면 8+7=15!

두 수를 합하면 130+15=145!
답은 145입니다!

하람

**⑥ 갈라서 더하기**

나래

저는 98은 90과 8로, 47은 40과 7로 갈라서 더했어요.

1의 자리끼리 더하면 8+7=15,
10의 자리끼리 더하면 90+40=130!
두 수15와 130을 더하면 145니까! 답은 145입니다!

| 90 | + | 8 |
|---|---|---|
| | | + |
| 40 | | 7 |
| 130 | + | 15 |
| | = | 145 |

**⑦ 더하고 빼기**

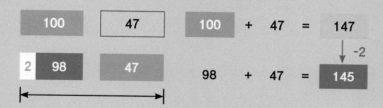

| 100 | 47 | | 100 | + | 47 | = | 147 |

| 2 | 98 | 47 | | 98 | + | 47 | = | 145 |

-2

토리

저는 이렇게 생각해서 풀었어요.

① 98에 2를 더해서 100을 만들고
② 100에 47을 더했어요.
③ 100+47=147의 값에 처음에 더한 2를 빼주면, 147-2=145
    답은 145입니다!

**⑧ 주고 받기**

새나

저는 토리의 생각과 비슷하지만
조금은 다른 방법으로 계산했어요.

98에 2를 더해 100으로, 47에서 2를 바로 빼서
45로 만들어 계산했어요.
즉, 98+47을 100+45로 바꾸어 계산했어요.

100+45는 145니까, 답은 145입니다.

| 98 | + | 47 |
|---|---|---|
| +2 | | -2 |
| 100 | + | 45 | = | 145 |

Guide  1. 각각의 전략별 특징 및 장단점을 찾아보고 가장 효과적인 전략이 무엇인지 이야기 나눠보세요.
       2. 한 가지 방법이 아닌 다양한 전략을 사용해 덧셈을 할 수 있게 도와주세요.

선생님

각각의 전략에 대한 자신의 의견을 이야기해 봅시다.

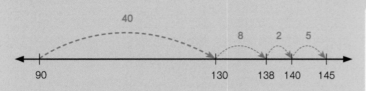

보배

토리야!
난 네가 왜
90부터 시작해서
40만큼 점프하는지
모르겠어.

토리

두 수를 십의 자리와 일의 자리로 갈라서 더하기 위해서야.
십의 자리끼리 먼저 계산하기 위해 90에서 40만큼 점프했어.

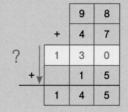

하람아! 너는 왜 십의 자리부터 계산을 하니?
난 일의 자리부터 계산하는데….

새나

하람

십의 자리부터 계산하면 실수도 덜 하고,
더 쉽게 계산할 수 있어!

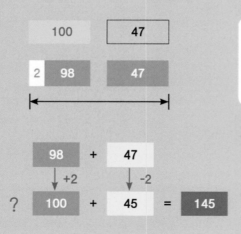

난 토리가 왜 98을
100으로 마음대로 바꿔서
계산했는지 이해가 되지 않아.
난 답이 틀리다고 생각해.

보배

새나야, 난 98+47을
왜 100+45로 계산했는지
이해가 되지 않아.

두리

여러분도 두리와 같은 궁금증을 갖고 있나요?
앞으로 선생님과 함께 공부하면서 덧셈 전략에 대한
궁금증을 하나씩 풀어 보도록 해요.

**2. 덧셈 전략 : 차례로 점프**

**이해하기**　1) 100숫자판을 이용하여 점프하기

## 55+33

난 55+33을 계산할 때 숫자판을 이용했어!
숫자판 55에서 아래로 3번 점프하면 65! 75! 85!
85에서 오른쪽으로 3번 점프하면 86! 87! 88!
답은 88이야!

보배

| 1 | 2 | 3 | 4 | 5 | 6 | 7 | 8 | 9 | 10 |
|---|---|---|---|---|---|---|---|---|---|
| 11 | 12 | 13 | 14 | 15 | 16 | 17 | 18 | 19 | 20 |
| 21 | 22 | 23 | 24 | 25 | 26 | 27 | 28 | 29 | 30 |
| 31 | 32 | 33 | 34 | 35 | 36 | 37 | 38 | 39 | 40 |
| 41 | 42 | 43 | 44 | 45 | 46 | 47 | 48 | 49 | 50 |
| 51 | 52 | 53 | 54 | 55 | 56 | 57 | 58 | 59 | 60 |
| 61 | 62 | 63 | 64 | 65 | 66 | 67 | 68 | 69 | 70 |
| 71 | 72 | 73 | 74 | 75 | 76 | 77 | 78 | 79 | 80 |
| 81 | 82 | 83 | 84 | 85 | 86 | 87 | 88 | 89 | 90 |
| 91 | 92 | 93 | 94 | 95 | 96 | 97 | 98 | 99 | 100 |

**Guide**　숫자판에서 아래로 1칸 이동하면 10씩 늘어나고, 오른쪽으로 1칸 이동하면 1씩 늘어난다는 것을 알려주세요.

**함께 하기**　보배처럼 숫자판에 표시하며 아래 덧셈을 풀어봅시다.

| 1 | 2 | 3 | 4 | 5 | 6 | 7 | 8 | 9 | 10 |
|---|---|---|---|---|---|---|---|---|---|
| 11 | 12 | 13 | 14 | 15 | 16 | 17 | 18 | 19 | 20 |
| 21 | 22 | 23 | 24 | 25 | 26 | 27 | 28 | 29 | 30 |
| 31 | 32 | 33 | 34 | 35 | 36 | 37 | 38 | 39 | 40 |
| 41 | 42 | 43 | 44 | 45 | 46 | 47 | 48 | 49 | 50 |
| 51 | 52 | 53 | 54 | 55 | 56 | 57 | 58 | 59 | 60 |
| 61 | 62 | 63 | 64 | 65 | 66 | 67 | 68 | 69 | 70 |
| 71 | 72 | 73 | 74 | 75 | 76 | 77 | 78 | 79 | 80 |
| 81 | 82 | 83 | 84 | 85 | 86 | 87 | 88 | 89 | 90 |
| 91 | 92 | 93 | 94 | 95 | 96 | 97 | 98 | 99 | 100 |

❶ 14+46＝

❷ 26+35＝

❸ 35+37＝

❹ 38+55＝

| 1 | 2 | 3 | 4 | 5 | 6 | 7 | 8 | 9 | 10 |
|---|---|---|---|---|---|---|---|---|---|
| 11 | 12 | 13 | 14 | 15 | 16 | 17 | 18 | 19 | 20 |
| 21 | 22 | 23 | 24 | 25 | 26 | 27 | 28 | 29 | 30 |
| 31 | 32 | 33 | 34 | 35 | 36 | 37 | 38 | 39 | 40 |
| 41 | 42 | 43 | 44 | 45 | 46 | 47 | 48 | 49 | 50 |
| 51 | 52 | 53 | 54 | 55 | 56 | 57 | 58 | 59 | 60 |
| 61 | 62 | 63 | 64 | 65 | 66 | 67 | 68 | 69 | 70 |
| 71 | 72 | 73 | 74 | 75 | 76 | 77 | 78 | 79 | 80 |
| 81 | 82 | 83 | 84 | 85 | 86 | 87 | 88 | 89 | 90 |
| 91 | 92 | 93 | 94 | 95 | 96 | 97 | 98 | 99 | 100 |

❶ $21 + 17 =$

❷ $29 + 33 =$

❸ $45 + 28 =$

❹ $25 + 69 =$

❺ $19 + 65 =$

❻ $33 + 48 =$

❼ $34 + 49 =$

❽ $34 + 57 =$

2) 수직선을 이용하여 10씩 점프하기

# 32+40

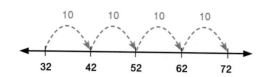

난 32+40을 계산할 때,
수직선 32에서 10씩 4번 점프했어!
42! 52! 62! 72! 답은 72야!

새나

**Guide** 수직선을 10씩 그리며 "42! 52! 62! 72!" 소리내며 점프해 보세요.

## 함께 하기   새나처럼 수직선에 표시하며 아래 덧셈을 풀어봅시다.

① **25+20=**

25

② **46+30=**

46

③ **12+40=**

12

④ **27+60=**

27

**1  53+30=**

**2  33+40=**

**3  13+50=**

**4  21+60=**

**5  19+70=**

**6  16+80=**

3) 수직선을 이용하여 차례로 점프하기 ①

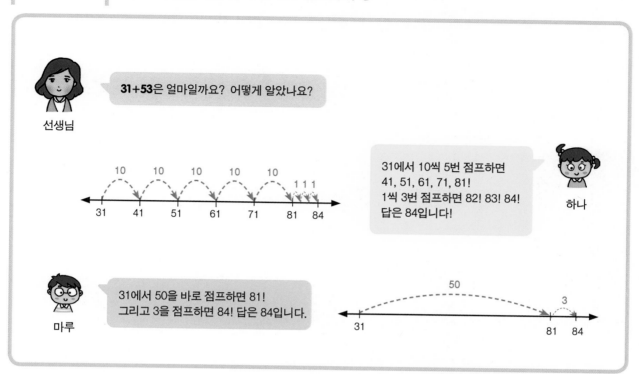

합께 하기　하나와 마루처럼 수직선에 표시하며 아래 덧셈을 풀어봅시다.

❶　**34+43=**

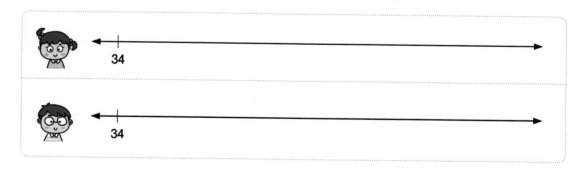

❷　**55+34=**

**1** 14+25=

**2** 27+32=

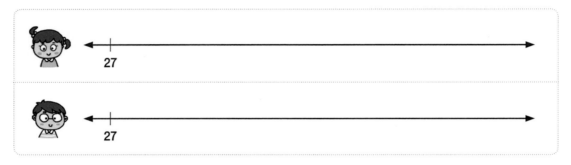

**3** 36+43=

**4** 61+27=

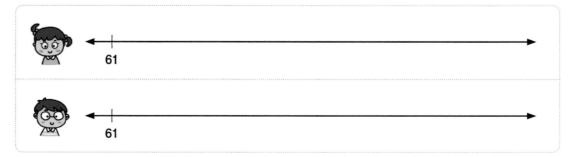

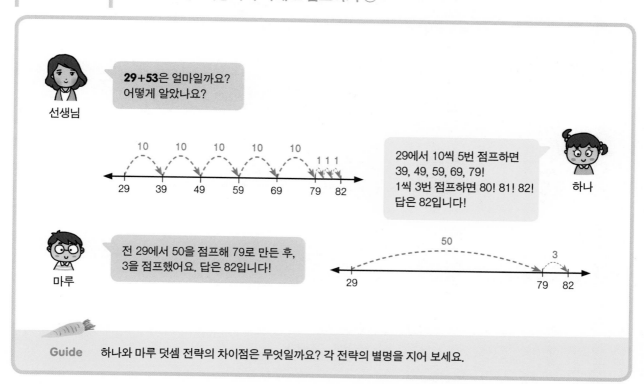

Guide   하나와 마루 덧셈 전략의 차이점은 무엇일까요? 각 전략의 별명을 지어 보세요.

**함께 하기**   하나와 마루처럼 수직선에 표시하며 아래 덧셈을 풀어봅시다.

❶  38+44 =

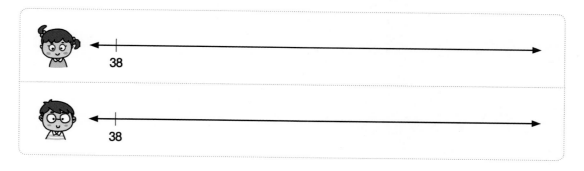

❷  21+59 =

**1** $16+25=$

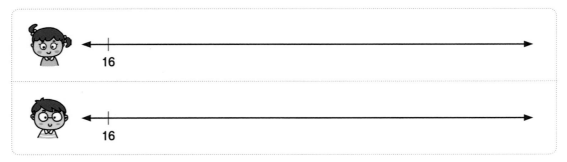

**2** $35+36=$

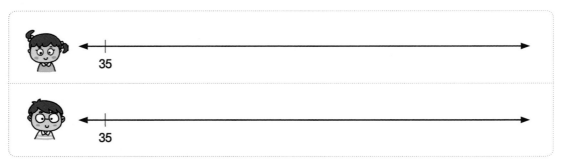

**3** $49+24=$

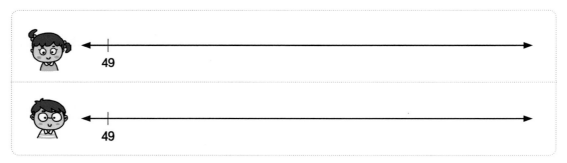

**4** $57+26=$

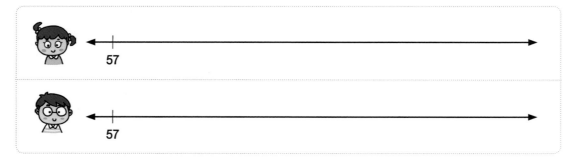

**5** 29+38＝

## 더 알아보기

Guide　학생은 문제를 보지 않습니다.

**1** 선생님이 불러주는 문제를 듣고 머리셈으로 풀어 말로 답해 봅시다.

| | | |
|---|---|---|
| 24＋10＝ | 53＋20＝ | 27＋20＝ |
| 24＋30＝ | 53＋40＝ | 27＋40＝ |
| 24＋33＝ | 53＋41＝ | 27＋62＝ |
| 24＋42＝ | 53＋46＝ | 27＋58＝ |

| | | |
|---|---|---|
| 36＋10＝ | 45＋20＝ | 69＋20＝ |
| 36＋30＝ | 45＋30＝ | 69＋30＝ |
| 36＋32＝ | 45＋42＝ | 69＋12＝ |
| 36＋43＝ | 45＋46＝ | 69＋26＝ |

| | | |
|---|---|---|
| 17＋20＝ | 14＋20＝ | 38＋30＝ |
| 17＋40＝ | 14＋40＝ | 38＋50＝ |
| 17＋41＝ | 14＋62＝ | 38＋42＝ |
| 17＋52＝ | 14＋58＝ | 38＋57＝ |

② 차례로 점프 전략을 이용해서 아래 덧셈을 풀어보세요(부록 : 수모형 71~100번).

| 34 | + | | = | |
| 22 | + | | = | |
| 16 | + | | = | |
| 28 | + | | = | |
| 47 | + | | = | |
| 59 | + | | = | |

**3. 덧셈 전략 : 오바 점프**

## 이해하기

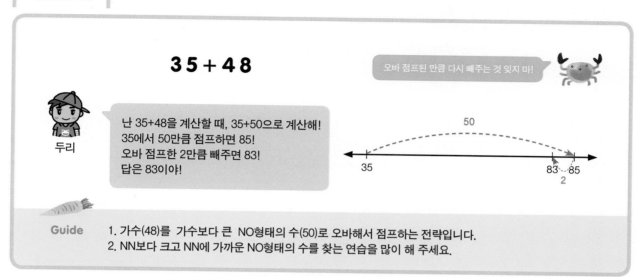

**35 + 48**

오바 점프된 만큼 다시 빼주는 것 잊지 마!

두리

난 35+48을 계산할 때, 35+50으로 계산해!
35에서 50만큼 점프하면 85!
오바 점프한 2만큼 빼주면 83!
답은 83이야!

50

35                          83  85
                                 2

**Guide**  1. 가수(48)를 가수보다 큰 NO형태의 수(50)로 오바해서 점프하는 전략입니다.
2. NN보다 크고 NN에 가까운 NO형태의 수를 찾는 연습을 많이 해 주세요.

## 함께 하기    두리처럼 수직선에 표시하며 아래 덧셈을 풀어봅시다.

❶  **25+19=**

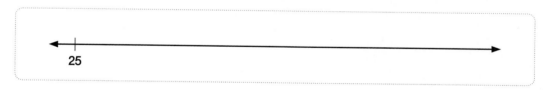

25

❷  **46+27=**

46

❸  **19+68=**

19

**스스로 하기**  두리처럼 수직선에 표시하며 아래 덧셈을 풀어봅시다.

① **56+19=**

② **33+18=**

③ **15+27=**

④ **29+48=**

⑤ **37+56=**

100숫자판에 표시하거나 말판이나 바둑돌을 이동하며 아래 덧셈을 풀어보세요.
(오버점프 전략을 사용해서)

| 1 | 2 | 3 | 4 | 5 | 6 | 7 | 8 | 9 | 10 |
|---|---|---|---|---|---|---|---|---|---|
| 11 | 12 | 13 | 14 | 15 | 16 | 17 | 18 | 19 | 20 |
| 21 | 22 | 23 | 24 | 25 | 26 | 27 | 28 | 29 | 30 |
| 31 | 32 | 33 | 34 | 35 | 36 | 37 | 38 | 39 | 40 |
| 41 | 42 | 43 | 44 | 45 | 46 | 47 | 48 | 49 | 50 |
| 51 | 52 | 53 | 54 | 55 | 56 | 57 | 58 | 59 | 60 |
| 61 | 62 | 63 | 64 | 65 | 66 | 67 | 68 | 69 | 70 |
| 71 | 72 | 73 | 74 | 75 | 76 | 77 | 78 | 79 | 80 |
| 81 | 82 | 83 | 84 | 85 | 86 | 87 | 88 | 89 | 90 |
| 91 | 92 | 93 | 94 | 95 | 96 | 97 | 98 | 99 | 100 |

❶ $18 + 29 =$

❷ $14 + 37 =$

❸ $26 + 48 =$

❹ $25 + 57 =$

❺ $31 + 59 =$

❻ $44 + 27 =$

❼ $33 + 67 =$

❽ $19 + 78 =$

# 4. 덧셈 전략 : 쉬운 수로 점프

## 이해하기

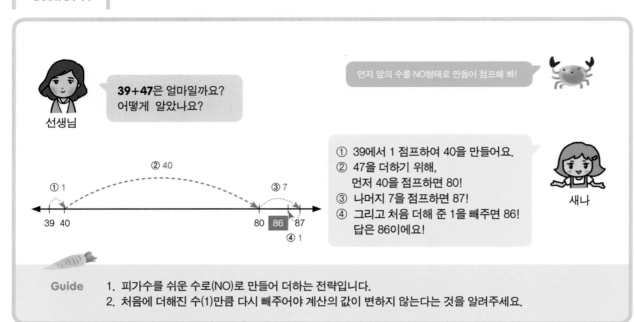

선생님

**39+47**은 얼마일까요?
어떻게 알았나요?

먼저 앞의 수를 NO형태로 만들어 점프해 봐!

① 39에서 1 점프하여 40을 만들어요.
② 47을 더하기 위해,
   먼저 40을 점프하면 80!
③ 나머지 7을 점프하면 87!
④ 그리고 처음 더해 준 1을 빼주면 86!
   답은 86이에요!

새나

**Guide**  1. 피가수를 쉬운 수로(NO)로 만들어 더하는 전략입니다.
 2. 처음에 더해진 수(1)만큼 다시 빼주어야 계산의 값이 변하지 않는다는 것을 알려주세요.

## 함께 하기    새나처럼 수직선에 표시하며 아래 뺄셈을 풀어봅시다.

**①**  **49+18=**

49

**②**  **57+25=**

57

**③**  **68+19=**

68

## 스스로 하기

새나처럼 수직선에 표시하며 아래 뺄셈을 풀어보세요.

**❶** **19+47=**

19

**❷** **28+18=**

28

**❸** **37+25=**

37

**❹** **58+33=**

58

**❺** **67+17=**

67

**❻** **39+51=**

39

## 이해하기

앞의 수(39)의 십의 자릿수(30)부터 점프하는 거 잊지 마!

선생님

**39+47**은 얼마일까요?
어떻게 알았나요?

토리

전 두 수(39와 47)를 십의 자리와
일의 자리로 갈라서 계산했어요.

① 십의 자릿수끼리(30과40) 더해요.
　30에서 40 점프하면 70!
② 39의 일의 자리 9를 점프하면 79!
③ 47의 일의 자리 7(1과 6으로 갈라)을
　점프하면 80! 86!
　답은 86이에요!

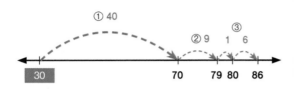

**Guide**　1. 수직선의 시작점이 피가수의 십의 자릿수부터 시작됨을 알려주세요.
　　　　　2. 먼저 피가수를 십의 자리와 일의 자리로 가른 후, 십의 자리의 수를 찾아 수직선에 표시해 보세요.

## 함께 하기　토리처럼 수직선에 표시하며 아래 덧셈을 풀어봅시다.

❶　**14+28=**

❷　**13+39=**

❸　**25+47=**

## 스스로 하기    토리처럼 수직선에 표시하며 아래 덧셈을 풀어보세요.

①    15+26=

②    19+34=

③    27+48=

④    32+39=

⑤    55+38=

## 이해하기

선생님

**53+28**을 얼마입니까?
어떻게 풀었나요?

|   | 5 | 3 |
|---|---|---|
| + | 2 | 8 |
|   | 7 | 0 |
| + | 1 | 1 |
|   | 8 | 1 |

전 두 가지 방법으로 풀었어요.

① 먼저 십의 자릿수부터 계산했어요.
십의 자릿수 50과 20을 더해 70!
그리고 일의 자릿수 3과 8을 더해 11!
70과 11을 더하면 81! 답은 81입니다.

하람

|   | 5 | 3 |
|---|---|---|
| + | 2 | 8 |
|   | 1 | 1 |
| + | 7 | 0 |
|   | 8 | 1 |

② 또 다른 방법으로 일의 자릿수부터 계산해요.
일의 자릿수 3과 8을 더하면 11!
50+20을 하면 70!
그리고 두 수 11과 70을 더하면 81!
답은 81입니다.

**Guide**  1. 십의 자리부터 계산해도 계산한 결과의 값은 변하지 않음을 안내해 주세요.
2. 두 계산방법의 차이를 비교해보고 어떤 방법이 더 편한지 이야기 나눠보세요.

## 함께 하기   하람이처럼 두 가지 방법으로 생각하며 다음 덧셈을 풀어봅시다.

**①  36+28=**

10의 자리부터

|   | 3 | 6 |
|---|---|---|
| + | 2 | 8 |
|   |   | 0 |
| + | 1 |   |
|   |   |   |

1의 자리부터

|   | 3 | 6 |
|---|---|---|
| + | 2 | 8 |
|   | 1 |   |
| + |   | 0 |
|   |   |   |

**②  54+39=**

10의 자리부터

|   | 5 | 4 |
|---|---|---|
| + | 3 | 9 |
|   |   | 0 |
| + | 1 |   |
|   |   |   |

1의 자리부터

|   | 5 | 4 |
|---|---|---|
| + | 3 | 9 |
|   | 1 |   |
| + |   | 0 |
|   |   |   |

**1** 17+48=

10의 자리부터

|   | 1 | 7 |
|---|---|---|
| + | 4 | 8 |
|   |   | 0 |
| + | 1 |   |
|   |   |   |

1의 자리부터

|   | 1 | 7 |
|---|---|---|
| + | 4 | 8 |
|   | 1 |   |
| + |   | 0 |
|   |   |   |

**2** 25+36=

10의 자리부터

|   | 2 | 5 |
|---|---|---|
| + | 3 | 6 |
|   |   | 0 |
| + | 1 |   |
|   |   |   |

1의 자리부터

|   | 2 | 5 |
|---|---|---|
| + | 3 | 6 |
|   | 1 |   |
| + |   | 0 |
|   |   |   |

**3** 26+47=

10의 자리부터

|   | 2 | 6 |
|---|---|---|
| + | 4 | 7 |
|   |   |   |
| + |   |   |
|   |   |   |

1의 자리부터

|   | 2 | 6 |
|---|---|---|
| + | 4 | 7 |
|   |   |   |
| + |   |   |
|   |   |   |

**4** 39+56=

10의 자리부터

|   | 3 | 9 |
|---|---|---|
| + | 5 | 6 |
|   |   |   |
| + |   |   |
|   |   |   |

1의 자리부터

|   | 3 | 9 |
|---|---|---|
| + | 5 | 6 |
|   |   |   |
| + |   |   |
|   |   |   |

**5** 65+27=

10의 자리부터

|   | 6 | 5 |
|---|---|---|
| + | 2 | 7 |
|   |   |   |
| + |   |   |
|   |   |   |

1의 자리부터

|   | 6 | 5 |
|---|---|---|
| + | 2 | 7 |
|   |   |   |
| + |   |   |
|   |   |   |

**6** 47+49=

10의 자리부터

|   | 4 | 7 |
|---|---|---|
| + | 4 | 9 |
|   |   |   |
| + |   |   |
|   |   |   |

1의 자리부터

|   | 4 | 7 |
|---|---|---|
| + | 4 | 9 |
|   |   |   |
| + |   |   |
|   |   |   |

**① 12+19 =**

10의 자리부터

| | 1 | 2 |
|---|---|---|
| + | 1 | 9 |
| | | 0 |
| + | 1 | |
| | | |

1의 자리부터

| | 1 | 2 |
|---|---|---|
| + | 1 | 9 |
| | 1 | |
| + | | 0 |
| | | |

**② 23+38 =**

10의 자리부터

| | 2 | 3 |
|---|---|---|
| + | 3 | 8 |
| | | 0 |
| + | 1 | |
| | | |

1의 자리부터

| | 2 | 3 |
|---|---|---|
| + | 3 | 8 |
| | 1 | |
| + | | 0 |
| | | |

**③ 36+45 =**

10의 자리부터

| | 3 | 6 |
|---|---|---|
| + | 4 | 5 |
| | | |
| + | | |
| | | |

1의 자리부터

| | 3 | 6 |
|---|---|---|
| + | 4 | 5 |
| | | |
| + | | |
| | | |

**④ 47+39 =**

10의 자리부터

| | 4 | 7 |
|---|---|---|
| + | 3 | 9 |
| | | |
| + | | |
| | | |

1의 자리부터

| | 4 | 7 |
|---|---|---|
| + | 3 | 9 |
| | | |
| + | | |
| | | |

**⑤ 53+38 =**

10의 자리부터

| | 5 | 3 |
|---|---|---|
| + | 3 | 8 |
| | | |
| + | | |
| | | |

1의 자리부터

| | 5 | 3 |
|---|---|---|
| + | 3 | 8 |
| | | |
| + | | |
| | | |

**⑥ 69+29 =**

10의 자리부터

| | 6 | 9 |
|---|---|---|
| + | 2 | 9 |
| | | |
| + | | |
| | | |

1의 자리부터

| | 6 | 9 |
|---|---|---|
| + | 2 | 9 |
| | | |
| + | | |
| | | |

## 이해하기

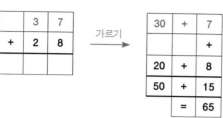

|   | 3 | 7 |
|---|---|---|
| + | 2 | 8 |
|   |   |   |

가르기 →

| 30 | + | 7 |
|----|---|---|
|    |   | + |
| 20 | + | 8 |
| 50 | + | 15 |
|    | = | 65 |

두 수끼리
더하기

난 37+28을 할 때,
먼저 두 수(37, 28)를
십의 자리와 일의 자리로 갈랐어.
그리고 십의 자리(30+20)끼리,
일의 자리(7+8)끼리 더했어.
답은 65야!

새나

## 함께 하기   새나처럼 생각하며 아래 덧셈을 풀어봅시다.

❶ **13+58=**

|   | 1 | 3 |
|---|---|---|
| + | 5 | 8 |
|   |   |   |

가르기 →

|   | + |   |
|---|---|---|
|   |   | + |
|   | + |   |
|   | + |   |
|   | = |   |

❷ **33+29=**

|   | 3 | 3 |
|---|---|---|
| + | 2 | 9 |
|   |   |   |

가르기 →

|   | + |   |
|---|---|---|
|   |   | + |
|   | + |   |
|   | + |   |
|   | = |   |

❸ **25+67=**

|   | 2 | 5 |
|---|---|---|
| + | 6 | 7 |
|   |   |   |

가르기 →

|   | + |   |
|---|---|---|
|   |   | + |
|   | + |   |
|   | + |   |
|   | = |   |

❹ **46+48=**

|   | 4 | 6 |
|---|---|---|
| + | 4 | 8 |
|   |   |   |

가르기 →

|   | + |   |
|---|---|---|
|   |   | + |
|   | + |   |
|   | + |   |
|   | = |   |

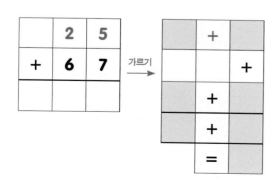

**①** **29+14=**

|   | 2 | 9 |
|---|---|---|
| + | 1 | 4 |
|   |   |   |

가르기 →

|   | + |   |
|---|---|---|
|   |   | + |
|   | + |   |
|   | + |   |
|   | = |   |

**②** **38+23=**

|   | 3 | 8 |
|---|---|---|
| + | 2 | 3 |
|   |   |   |

가르기 →

|   | + |   |
|---|---|---|
|   |   | + |
|   | + |   |
|   | + |   |
|   | = |   |

**③** **34+37=**

|   | 3 | 4 |
|---|---|---|
| + | 3 | 7 |
|   |   |   |

가르기 →

|   | + |   |
|---|---|---|
|   |   | + |
|   | + |   |
|   | + |   |
|   | = |   |

**④** **45+46=**

|   | 4 | 5 |
|---|---|---|
| + | 4 | 6 |
|   |   |   |

가르기 →

|   | + |   |
|---|---|---|
|   |   | + |
|   | + |   |
|   | + |   |
|   | = |   |

**⑤** **53+19=**

|   | 5 | 3 |
|---|---|---|
| + | 1 | 9 |
|   |   |   |

가르기 →

|   | + |   |
|---|---|---|
|   |   | + |
|   | + |   |
|   | + |   |
|   | = |   |

**⑥** **67+28=**

|   | 6 | 7 |
|---|---|---|
| + | 2 | 8 |
|   |   |   |

가르기 →

|   | + |   |
|---|---|---|
|   |   | + |
|   | + |   |
|   | + |   |
|   | = |   |

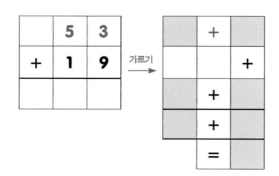

## 이해하기　　1) 덧셈식을 비교하여 더하고 빼기

선생님

두 상자 안에 있는 덧셈식을 비교해 보세요.
식이 어떻게 다르죠?

| 앞의 수 | 뒤의 수 | 앞의 수 | 뒤의 수 |
|---|---|---|---|
| **49 + 50** | | **50 + 50** | |

(왼쪽 상자)　　　　　　(오른쪽 상자)

뒤의 수는 같지만 앞의 수가 달라요!
왼쪽상자는 뒤의 수는 49!
오른쪽 상자의 뒤의 수는 50이에요!
따라서 왼쪽 식이 오른쪽 식보다 1작아요!

토리

그럼 49+50은 얼마입니까?

50+50=100이니까
49+50은 50+50=100보다
1 작은 수인 99!
답은 99입니다!

Guide　　1. 두배수가 되는 덧셈을 떠올리며 비교하여 계산하는 전략입니다.
　　　　　2. 50+50=100 이외의 또 다른 두배식은 어떤 것이 있을까요? 함께 떠올려 보세요.
　　　　　　(예 : 20+20, 30+30, 40+40, 45+45)

## 함께 하기　　토리처럼 풀면서 두 덧셈을 비교하여 봅시다.

**❶**

| 앞의 수 | 뒤의 수 | 앞의 수 | 뒤의 수 |
|---|---|---|---|
| **24 + 25** | | **25 + 25** | |

24 + 25 는 얼마입니까?

25 + 25 는 50이에요.
24 + 25 는 25 + 25 보다
1 작으니까 답은 (　　　) 입니다.

**❷**

| 앞의 수 | 뒤의 수 | 앞의 수 | 뒤의 수 |
|---|---|---|---|
| **25 + 27** | | **25 + 25** | |

25 + 27 는 얼마입니까?

25 + 25 는 50이에요.
25 + 27 는 25 + 25 보다
2 크니까 답은 (　　　) 입니다.

두 식을 비교하여 더 큰 덧셈식에 ○표 하고 괄호 안에 알맞은 숫자를 써 봅시다.

| | 왼쪽 덧셈 | 비교 | 오른쪽 덧셈 |
|---|---|---|---|
| 보기 | 24 + 25 | ○표시한 덧셈이 ( 1 ) 더 크다. | (25 + 25) |
| | (27 + 25) | ○표시한 덧셈이 ( 2 ) 더 크다. | 25 + 25 |
| 1 | 13 + 15 | ○표시한 덧셈이 ( ) 더 크다. | 15 + 15 |
| 2 | 25 + 25 | ○표시한 덧셈이 ( ) 더 크다. | 25 + 26 |
| 3 | 49 + 50 | ○표시한 덧셈이 ( ) 더 크다. | 50 + 50 |
| 4 | 20 + 20 | ○표 시한덧셈이 ( ) 더 크다. | 20 + 18 |
| 5 | 50 + 50 | ○표시한 덧셈이 ( ) 더 크다. | 52 + 50 |
| 6 | 47 + 50 | ○표시한 덧셈이 ( ) 더 크다. | 50 + 50 |
| 7 | 40 + 40 | ○표시한 덧셈이 ( ) 더 크다. | 41 + 38 |
| 8 | 99 + 100 | ○표시한 덧셈이 ( ) 더 크다. | 100 + 100 |
| 9 | 100 + 100 | ○표시한 덧셈이 ( ) 더 크다. | 99 + 98 |
| 10 | 98 + 101 | ○표시한 덧셈이 ( ) 더 크다. | 97 + 103 |
| 11 | 100 + 100 | ○표시한 덧셈이 ( ) 더 크다. | 99 + 102 |
| 12 | 104 + 100 | ○표시한 덧셈이 ( ) 더 크다. | 100 + 101 |
| 13 | 99 + 104 | ○표시한 덧셈이 ( ) 더 크다. | 101 + 101 |

## 스스로 하기

왼쪽의 덧셈을 쉽게 풀기 위해 생각할 수 있는 두 수의 덧셈식을 연결하고,
아래 덧셈을 풀어보세요.

❶

| | | |
|---|---|---|
| 21+20=41 | | 15+15=30 |
| 25+26= | | 25+25=50 |
| 14+15= | | 20+20=40 |

❷

| | | |
|---|---|---|
| 15+16= | | 50+50=100 |
| 42+40= | | 15+15=30 |
| 50+49= | | 40+40=80 |

❸

| | | |
|---|---|---|
| 34+35= | | 35+35=70 |
| 48+50= | | 10+10=20 |
| 11+10= | | 50+50=100 |

❹

| | | |
|---|---|---|
| 20+21= | | 45+45=90 |
| 45+44= | | 12+12=24 |
| 14+12= | | 20+20=40 |

아래의 문제를 머리셈으로 풀어서 말로 답해 봅시다.
(학생은 문제를 보지 않고 교사가 불러주는 식을 듣고 계산합니다.)

**①**

$25 + 25 =$

$24 + 25 =$

$26 + 25 =$

$25 + 27 =$

**②**

$20 + 20 =$

$20 + 21 =$

$19 + 20 =$

$20 + 22 =$

**③**

$30 + 30 =$

$30 + 31 =$

$29 + 30 =$

$32 + 30 =$

**④**

$40 + 40 =$

$40 + 41 =$

$42 + 40 =$

$39 + 40 =$

**⑤**

$12 + 12 =$

$12 + 13 =$

$12 + 14 =$

$12 + 10 =$

**⑥**

$50 + 50 =$

$49 + 50 =$

$50 + 51 =$

$48 + 50 =$

**⑦**

$15 + 15 =$

$15 + 14 =$

$16 + 15 =$

$15 + 17 =$

**⑧**

$11 + 11 =$

$11 + 12 =$

$10 + 11 =$

$13 + 11 =$

**⑨**

$35 + 35 =$

$36 + 35 =$

$35 + 34 =$

$35 + 37 =$

**⑩**

$13 + 13 =$

$13 + 12 =$

$14 + 13 =$

$13 + 15 =$

**⑪**

$14 + 14 =$

$14 + 13 =$

$15 + 14 =$

$14 + 16 =$

**⑫**

$45 + 45 =$

$45 + 46 =$

$47 + 45 =$

$44 + 45 =$

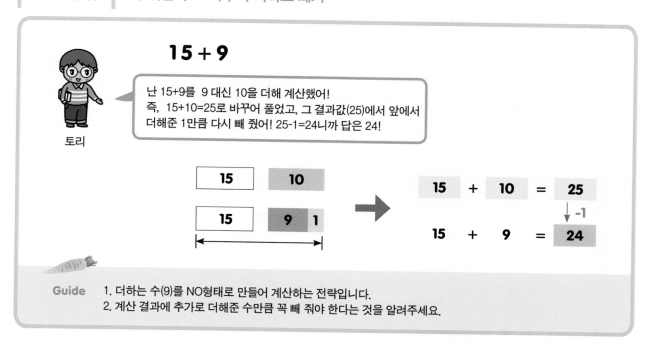

**15 + 9**

토리

난 15+9를 9 대신 10을 더해 계산했어!
즉, 15+10=25로 바꾸어 풀었고, 그 결과값(25)에서 앞에서
더해준 1만큼 다시 빼 줬어! 25-1=24니까 답은 24!

| 15 | 10 |

| 15 | 9 | 1 |

| 15 | + | 10 | = | 25 |

↓ -1

| 15 | + | 9 | = | 24 |

**Guide**  1. 더하는 수(9)를 NO형태로 만들어 계산하는 전략입니다.
2. 계산 결과에 추가로 더해준 수만큼 꼭 빼 줘야 한다는 것을 알려주세요.

**함께 하기**  토리처럼 생각하며 아래 빈칸을 채워봅시다.

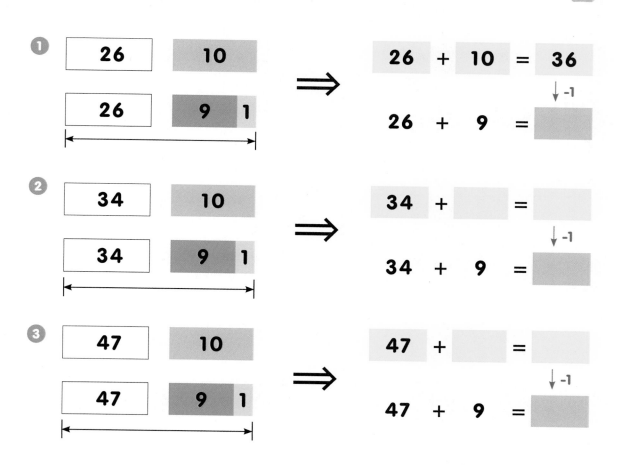

❶

| 26 | 10 |

| 26 | 9 | 1 |

⇒

| 26 | + | 10 | = | 36 |

↓ -1

| 26 | + | 9 | = | |

❷

| 34 | 10 |

| 34 | 9 | 1 |

⇒

| 34 | + | | = | |

↓ -1

| 34 | + | 9 | = | |

❸

| 47 | 10 |

| 47 | 9 | 1 |

⇒

| 47 | + | | = | |

↓ -1

| 47 | + | 9 | = | |

## 스스로 하기 　토리처럼 생각하며 아래 빈칸을 채워보세요.

❶

| | | |
|---|---|---|
| 16 | 10 | |
| 16 | 8 | 2 |

⇒

16 + 10 = ☐

↓ -2

16 + 8 = ☐

❷

| | | |
|---|---|---|
| 27 | 10 | |
| 27 | 8 | 2 |

⇒

27 + ☐ = ☐

↓ -2

27 + 8 = ☐

❸

| | | |
|---|---|---|
| 54 | 10 | |
| 54 | 8 | 2 |

⇒

54 + ☐ = ☐

↓ -2

54 + 8 = ☐

❹

| | | |
|---|---|---|
| 64 | 10 | |
| 64 | 8 | 2 |

⇒

64 + ☐ = ☐

↓ -2

64 + 8 = ☐

❺

| | | |
|---|---|---|
| 87 | 10 | |
| 87 | 8 | 2 |

⇒

87 + ☐ = ☐

↓ -2

87 + 8 = ☐

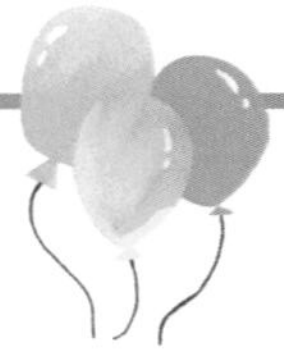

## 13 + 9

토리

> 난 13+9를 풀 때,
> 숫자판 13에서 아래로 1칸 이동, 왼쪽으로 1칸 이동해!
> 13에서 아래로 1칸 이동하면 23!
> 23에서 왼쪽으로 1칸 이동하면 22! 답은 22야!

| 1 | 2 | 3 | 4 | 5 | 6 | 7 | 8 | 9 | 10 |
|---|---|---|---|---|---|---|---|---|---|
| 11 | 12 | 13 | 14 | 15 | 16 | 17 | 18 | 19 | 20 |
| 21 | 22 | 23 | 24 | 25 | 26 | 27 | 28 | 29 | 30 |
| 31 | 32 | 33 | 34 | 35 | 36 | 37 | 38 | 39 | 40 |
| 41 | 42 | 43 | 44 | 45 | 46 | 47 | 48 | 49 | 50 |
| 51 | 52 | 53 | 54 | 55 | 56 | 57 | 58 | 59 | 60 |
| 61 | 62 | 63 | 64 | 65 | 66 | 67 | 68 | 69 | 70 |
| 71 | 72 | 73 | 74 | 75 | 76 | 77 | 78 | 79 | 80 |
| 81 | 82 | 83 | 84 | 85 | 86 | 87 | 88 | 89 | 90 |
| 91 | 92 | 93 | 94 | 95 | 96 | 97 | 98 | 99 | 100 |

**Guide**    숫자판에서 아래로 1칸 이동 시 10씩 늘고, 왼쪽으로 한 칸 이동하면 1씩 줄어든다는 것을 알려주세요.

**함께 하기**    토리처럼 화살표로 표시하거나 말(바둑돌)을 사용해 아래 덧셈을 풀어보세요.

❶   15 + 9 =

❷   29 + 19 =

❸   35 + 28 =

❹   60 + 38 =

**1**

| 8+9 | • |
| 17+9 | • |
| 19+21 | • |

| • | (17+10)-1 |
| • | (20+21)-1 |
| • | (8+10)-1 |

**2**

| 19+5 | • |
| 29+7 | • |
| 19+18 | • |

| • | (20+20)-1-2 |
| • | (20+5)-1 |
| • | (30+7)-1 |

**3**

| 28+39 | • |
| 18+31 | • |
| 29+37 | • |

| • | (30+40)-2-1 |
| • | (30+40)-1-3 |
| • | (20+30)-2+1 |

**4**

| 49+48 | • |
| 51+28 | • |
| 37+29 | • |

| • | (50+50)-1-2 |
| • | (50+30)+1-2 |
| • | (40+30)-3-1 |

**5**

| 72+23 | • |
| 77+14 | • |
| 78+14 | • |

| • | (80+14)-3 |
| • | (80+14)-2 |
| • | (70+20)+2+3 |

**6**

| 79+14 | • |
| 33+68 | • |
| 38+29 | • |

| • | (80+14)-1 |
| • | (40+30)-2-1 |
| • | (33+70)-2 |

**7**

| 37+39 | • |
| 9+59 | • |
| 38+17 | • |

| • | (37+40)-1 |
| • | (10+60)-1-1 |
| • | (40+17)-2 |

## 이해하기

선생님

**19+7**은 얼마일까요?
어떻게 알았나요?

앞의 수(19)에 더한 만큼, 뒤의 수(7)에서 빼주는구나!

| **19** | + | **7** | = |
|---|---|---|---|
| ↓ +1 | | ↓ -1 | |
| **20** | + | **6** | = **26** |

새나

저는 19에 1을 더해 20으로 만들고,
7에 1을 빼서 6으로 만들었어요.
즉, 19+7을 20+6으로 바꿔서 풀었어요!
20+6=26이니까, 답은 26입니다!

**Guid**　1. 주고 받기 전략과 더하기 빼기 전략의 차이점은 무엇일지 함께 생각해 보세요.
　　　2. 두 전략의 차이를 수직선을 통해 비교해 보세요.

## 함께 하기　새나처럼 생각하며 아래 덧셈을 풀어봅시다.

❶

| **8** | + | **15** | = |
|---|---|---|---|
| ↓ +2 | | ↓ -2 | |
|  | + |  | = |

❷

| **17** | + | **15** | = |
|---|---|---|---|
| ↓ +3 | | ↓ -(　) | |
|  | + |  | = |

## 스스로 하기　아래 덧셈을 풀어보세요.

❶

| **37** | + | **34** | = |
|---|---|---|---|
| ↓ +(　) | | ↓ -(　) | |
|  | + |  | = |

❷

| **49** | + | **19** | = |
|---|---|---|---|
| ↓+(　) | | ↓ -(　) | |
|  | + |  | = |

다음(음영 있는 부분)은 왼쪽의 덧셈을 쉽게 만든 것입니다.
답이 같은 것끼리 이어 봅시다.

**①**

| |
|---|
| 7 + 9 |
| 17 + 9 |
| 19 + 21 |

| |
|---|
| 16 + 10 |
| 20 + 20 |
| 8 + 8 |

**②**

| |
|---|
| 11 + 9 |
| 29 + 7 |
| 19 + 18 |

| |
|---|
| 20 + 17 |
| 30 + 6 |
| 10 + 10 |

**③**

| |
|---|
| 27 + 39 |
| 18 + 27 |
| 29 + 37 |

| |
|---|
| 20 + 25 |
| 30 + 36 |
| 26 + 40 |

**④**

| |
|---|
| 49 + 48 |
| 51 + 28 |
| 37 + 29 |

| |
|---|
| 50 + 47 |
| 36 + 30 |
| 50 + 29 |

**⑤**

| |
|---|
| 68 + 17 |
| 77 + 14 |
| 78 + 14 |

| |
|---|
| 70 + 15 |
| 80 + 12 |
| 80 + 11 |

**⑥**

| |
|---|
| 79 + 14 |
| 33 + 68 |
| 38 + 29 |

| |
|---|
| 37 + 30 |
| 31 + 70 |
| 80 + 13 |

전략 소개

선생님

**51-29**는 얼마일까요?
어떻게 알았는지 친구들과 이야기해 봅시다.

**① 세어 올라가기**

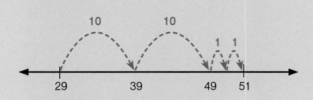

저는 29에서 51까지
얼마큼 세어 올라갔는지 생각했어요.

29에서 10씩 2번 세어 올라가면 39! 49!
1씩 2번 세어 올라가면 50! 51!
모두 22만큼 세어 올라갔으니까
답은 22입니다!

새나

**② 거꾸로 점프**

두리

저는 51에서 29만큼 거꾸로 점프했어요.

10씩 2번 거꾸로 점프하면 41! 31!
1씩 9번 거꾸로 점프하면
30, 29, 28, 27, 26, 25, 24, 23, 22.
답은 22입니다!

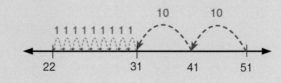

**③ 부분차**

| | 5 | 1 |
|---|---|---|
| - | 2 | 9 |
| | 3 | 1 |
| - | | 9 |
| | 2 | 2 |

| | 5 | 1 |
|---|---|---|
| - | 2 | 9 |
| | 3 | 0 |
| - | | 빚8 |
| | 2 | 2 |

저는 2가지 방법으로 계산했어요.

① 왼쪽 그림처럼 29를 20과 9로 나눠서
부분차를 계산했어요.
51에서 20을 빼면 31!
31에서 9를 빼면 22! 답은 22!

② 오른쪽 그림처럼 8만큼 빚이 있다고
생각해서 풀 수도 있어요!
30에서 8만큼 빚을 졌으니,
답은 22입니다.

토리

**4** **갈라서 빼기**

보배

저는 51을 40과 11로,
29를 20과 9로
각각 갈라서 빼 주었어요.

먼저 십의 자리 40과 20을 빼면 20!
일의 자리 11과 9를 빼면 2!
20과 2를 더하면 22!
답은 22입니다.

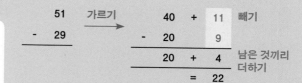

$$51 \xrightarrow{\text{가르기}} \quad 40 \quad + \quad 11 \quad \text{빼기}$$
$$- \quad 29 \qquad\qquad - \quad 20 \qquad\quad 9$$
$$\qquad\qquad\qquad\qquad 20 \quad + \quad 4 \quad \text{남은 것끼리}$$
$$\qquad\qquad\qquad\qquad\qquad = \quad 22 \qquad \text{더하기}$$

**5** **오스트리아 방법**

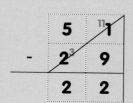

저는 51에서 29를 뺄 때,
51의 십의 자릿수(5)에서 받아내림을 하지 않고,
29의 십의 자릿수(2)에 10을 더해
3을 만들어 계산했어요. 답은 22입니다.

하람

**6** **빼고 더하기**

나래

저는 51에서 29를 뺄 때,
29 대신 30을 빼줬어요!
51-30=21!
그리고 21에 처음 더해준 1을
다시 더해주면 답은 22입니다!

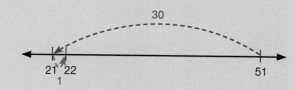

**7** **같은 변화**

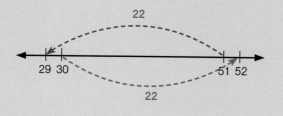

저는 수직선 29와 51 사이의
길이를 생각했어요.

이 길이는 30과 52 사이의
길이와도 같아요.
따라서 51-29를 52-30으로
바꾸어 계산했어요.
52-30=22이니까, 답은 22입니다!

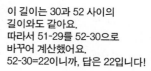

토리

**Guide** 1. 앞에서 배운 덧셈 전략과 뺄셈 전략을 비교해 보고 비슷한 전략을 찾아보세요.
2. 한 가지 방법이 아닌 다양한 전략을 사용해 계산할 수 있게 도와주세요.
3. 전략 다섯 고개, 전략 퀴즈, 나만의 전략 발표회 등 다양한 방법을 통해 뺄셈 전략을 배워보는 것도 좋습니다.

선생님

51-29 뺄셈 전략에 대한 자신의 생각을 이야기해 봅시다.
궁금한 점이 있으면 질문을 해도 좋습니다.

전 두리의 거꾸로 점프하는 전략에 반대해요.
시간이 너무 오래 걸리고… 거꾸로 세다
얼마큼 셌는지 잊어버릴 수 있어요.
41, 31, 30, 29, 28, 27, 26…?

토리

나래

전 두리처럼 거꾸로 점프를 하더라도
29와 가까운 30을 뺀 후
1을 더하는 방법이 더 편하다고 생각해요.

저는 나래와 토리(같은 변화)의 계산 방법이
같다고 생각해요.

새나

보배

전 서로 다른 방법이라고 생각해요.
토리의 계산 방법이 더 쉬워요.

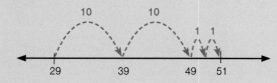

저는 새나의 방법이 맘에 들어요!
이 방법은 옛날에 가게 점원들이
거스름 돈을 거슬러 줄 때
많이 사용한 방법이에요!

두리

하람

전 보배에게 질문 있어요.
51을 가를 때 왜 50과 1로 가르지 않고
40과 11로 갈랐는지 이해할 수 없어요.

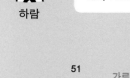

|  | 40 | + | 11 |
|---|---|---|---|
| 51 | - |  | - | 빼기 |
| - 29 → 가르기 | 20 |  | 9 | 남은것 끼리 더하기 |
|  | 20 | + | 2 |
|  |  | = | 22 |

세로셈의 일의 자리를 봐.
1에서 9를 뺄 수 없어.
그래서 51을 40과 11로 갈라
11-9로 계산할 수 있게 했어.

보배

토리

난 1에서 9를 뺄 수 있다고 생각해.
1에서 9를 빼면 1이 9에
8개 빚을 진 거라고 생각할 수 있어.

친구들이 다양한 생각과 궁금증을 잘 이야기해 주었어요.
앞으로 선생님과 공부하며 뺄셈전략에 대한 궁금증을
함께 풀어보도록 해요!

## 2. 뺄셈 전략 : 세어 올라가기
### 2-1. 차례로 점프

**이해하기**    1) 100숫자판을 이용하여 10씩 세어 올라가기 (차례로 점프)

선생님

**70-38은 얼마일까요?**
어떻게 알았나요?

| 1 | 2 | 3 | 4 | 5 | 6 | 7 | 8 | 9 | 10 |
|---|---|---|---|---|---|---|---|---|---|
| 11 | 12 | 13 | 14 | 15 | 16 | 17 | 18 | 19 | 20 |
| 21 | 22 | 23 | 24 | 25 | 26 | 27 | 28 | 29 | 30 |
| 31 | 32 | 33 | 34 | 35 | 36 | 37 | 38 | 39 | 40 |
| 41 | 42 | 43 | 44 | 45 | 46 | 47 | 48 | 49 | 50 |
| 51 | 52 | 53 | 54 | 55 | 56 | 57 | 58 | 59 | 60 |
| 61 | 62 | 63 | 64 | 65 | 66 | 67 | 68 | 69 | 70 |
| 71 | 72 | 73 | 74 | 75 | 76 | 77 | 78 | 79 | 80 |
| 81 | 82 | 83 | 84 | 85 | 86 | 87 | 88 | 89 | 90 |
| 91 | 92 | 93 | 94 | 95 | 96 | 97 | 98 | 99 | 100 |

100숫자판 38에서 70까지 얼마큼 세어 올라갔는지 생각했어요.

아래로 3칸 이동해 48, 58, 68! 오른쪽으로 2칸 이동해 69! 70!
10씩 3번, 1씩 2번 세어 올라갔으니 답은 32이에요.

나래

**Guide**   1. 감수에서 피감수까지 얼마큼 세어올라갔는지 숫자판을 보며 확인해 볼 수 있게 도와주세요.
       2. 바둑알을 말판으로 활용해 숫자판에서 점프하며 차례로 세어 올라가도 좋습니다.

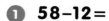

**함께 하기**    나래 생각처럼 숫자판에 표시하며 아래 뺄셈을 풀어 봅시다.

❶   **58-12 =**

❷   **83-37 =**

| 1 | 2 | 3 | 4 | 5 | 6 | 7 | 8 | 9 | 10 |
|---|---|---|---|---|---|---|---|---|----|
| 11 | 12 | 13 | 14 | 15 | 16 | 17 | 18 | 19 | 20 |
| 21 | 22 | 23 | 24 | 25 | 26 | 27 | 28 | 29 | 30 |
| 31 | 32 | 33 | 34 | 35 | 36 | 37 | 38 | 39 | 40 |
| 41 | 42 | 43 | 44 | 45 | 46 | 47 | 48 | 49 | 50 |
| 51 | 52 | 53 | 54 | 55 | 56 | 57 | 58 | 59 | 60 |
| 61 | 62 | 63 | 64 | 65 | 66 | 67 | 68 | 69 | 70 |
| 71 | 72 | 73 | 74 | 75 | 76 | 77 | 78 | 79 | 80 |
| 81 | 82 | 83 | 84 | 85 | 86 | 87 | 88 | 89 | 90 |
| 91 | 92 | 93 | 94 | 95 | 96 | 97 | 98 | 99 | 100 |

❶ $79-17=$

❷ $68-22=$

❸ $85-22=$

❹ $73-15=$

❺ $91-56=$

❻ $93-77=$

❼ $87-68=$

❽ $98-89=$

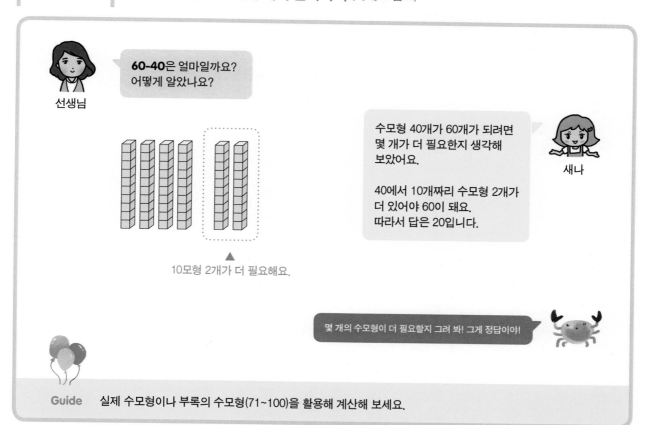

선생님

**60-40**은 얼마일까요?
어떻게 알았나요?

새나

수모형 40개가 60개가 되려면
몇 개가 더 필요한지 생각해
보았어요.

40에서 10개짜리 수모형 2개가
더 있어야 60이 돼요.
따라서 답은 20입니다.

▲
10모형 2개가 더 필요해요.

몇 개의 수모형이 더 필요할지 그려 봐! 그게 정답이야!

**Guide**  실제 수모형이나 부록의 수모형(71~100)을 활용해 계산해 보세요.

---

**함께 하기**  새나처럼 생각하며 아래 뺄셈을 풀어봅시다. (수모형을 그려 넣으며)

❶ **57-33 =**

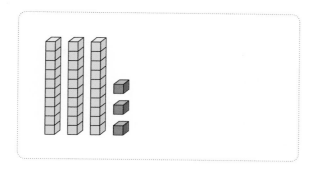

❷ **61-22 =**

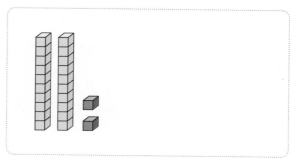

수모형이 33개 있습니다.
모두 57개가 되려면 몇 개가 더 있어야 할까요?

(        ) 개입니다.

수모형을 그려서 확인해 보세요.

수모형이 22개 있습니다.
모두 61개가 되려면 몇 개가 더 있어야 할까요?

(        ) 개입니다.

수모형을 그려서 확인해 보세요.

**1** **49−27=**

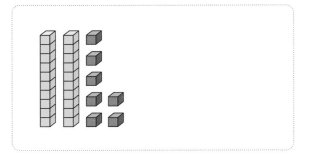

 수모형의 개수는 27입니다.
모두 49개가 되려면
몇 개가 더 있어야 할까요?
수모형을 그려서 확인해 봅시다.

**2** **62−35=**

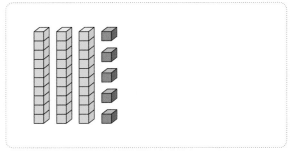

 수모형의 개수는 35입니다.
모두 62개가 되려면
몇 개가 더 있어야 할까요?
수모형을 그려서 확인해 봅시다.

**3** **61−32=**

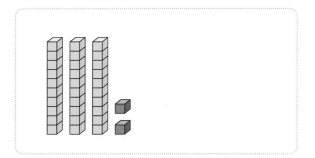

 수모형의 개수는 32입니다.
모두 61개가 되려면
몇 개가 더 있어야 할까요?
수모형을 그려서 확인해 봅시다.

**4** **70−21=**

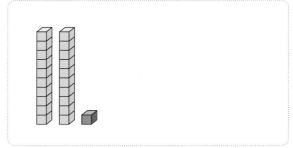

 수모형의 개수는 21입니다.
모두 70개가 되려면
몇 개가 더 있어야 할까요?
수모형을 그려서 확인해 봅시다.

**5** **88−46=**

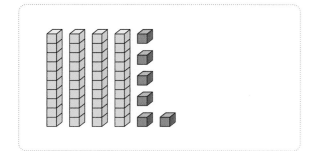

 수모형의 개수는 46입니다.
모두 88개가 되려면
몇 개가 더 있어야 할까요?
수모형을 그려서 확인해 봅시다.

**6** **93−54=**

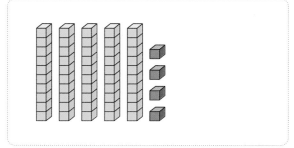

 수모형의 개수는 54입니다.
모두 93개가 되려면
몇 개가 더 있어야 할까요?
수모형을 그려서 확인해 봅시다.

3) 연결큐브를 이용하여 세어 올라가기 (차례로 점프)

## 50-45

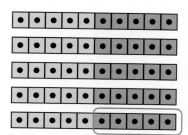

난 50-45를 계산할 때,
45개에서 50이 되려면
몇 개 더 필요한지 생각했어!

5개가 더 필요하니까, 50-45는 5!

새나

5개가 더 필요해요.

**Guide** 1. 연결큐브 대신 구슬틀을 사용해도 좋습니다.
2. 연결큐브의 개수를 하나 하나 추가하여 세지 않고 묶어서 생각할 수 있게 지도해 주세요.
(예를 들면 18개가 추가로 필요할 때 '10씩 1개, 5씩 1개, 1씩 3개! 총 18개가 필요하네'라고 생각하도록)

## 함께 하기

새나처럼 생각하며 아래 뺄셈을 풀어봅시다.

**Guide** 필요한 개수를 먼저 머릿속으로 생각해보고 이야기하도록 지도해 주세요.

❶ 60-56 =

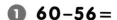

(질문해 주세요.)
① 연결큐브의 개수는 모두 몇입니까?
② 연결큐브의 개수가 모두 60이 되려면
더 필요한 개수는 몇입니까?

(          )입니다.

함께 확인해 봅시다.

❷ 51-24 =

(질문해 주세요.)
① 연결큐브의 개수는 모두 몇입니까?
② 연결큐브의 개수가 모두 51이 되려면
더 필요한 개수는 몇입니까?

(          )입니다.

함께 확인해 봅시다.

**1**  33-19 =

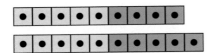

**2**  41-24 =

**3**  40-16 =

**4**  51-22 =

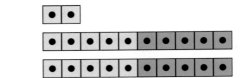

**5**  62-26 =

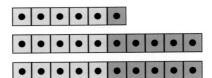

**6**  78-39 =

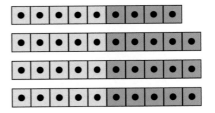

**4) 수직선을 이용하여 세어 올라가기** (차례로 점프)

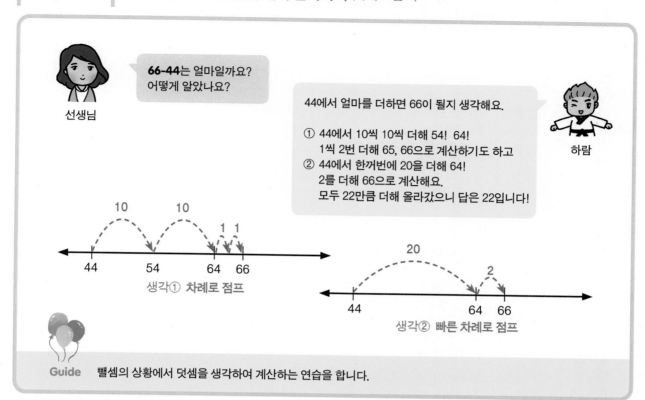

선생님: **66-44**는 얼마일까요? 어떻게 알았나요?

하람: 44에서 얼마를 더하면 66이 될지 생각해요.

① 44에서 10씩 10씩 더해 54! 64!
   1씩 2번 더해 65, 66으로 계산하기도 하고
② 44에서 한꺼번에 20을 더해 64!
   2를 더해 66으로 계산해요.
   모두 22만큼 더해 올라갔으니 답은 22입니다!

생각① 차례로 점프

생각② 빠른 차례로 점프

**Guide** 뺄셈의 상황에서 덧셈을 생각하여 계산하는 연습을 합니다.

**함께 하기**  하람이처럼 생각하여 수직선에 표시하며 아래 뺄셈을 풀어보세요.

❶ **75-51=**

생각 ①   51

생각 ②   51

❷ **81-36=**

생각 ①   36

생각 ②   36

## 스스로 하기

하람이처럼 수직선에 표시하며 아래 뺄셈을 풀어봅시다.

**①** **82-66 =**

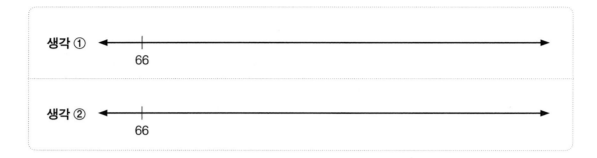

생각 ①

66

생각 ②

66

**②** **63-16 =**

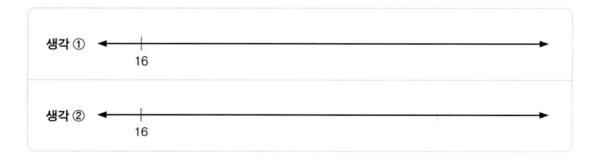

생각 ①

16

생각 ②

16

**③** **99-48 =**

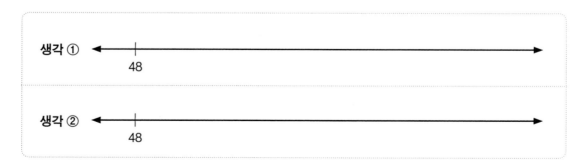

생각 ①

48

생각 ②

48

## 이해하기

**선생님**

58−29는 얼마일까요?
어떻게 알았나요?

**토리**

29에서 58까지 얼마큼 세어 올라갔는지 생각해요!
계산하기 쉽게 29에서 30만큼 세어 올라가면 59!
58이 되기 위해 다시 1만큼 거꾸로 점프하면 58에 도착!
즉, 30-1=29만큼 세어 올라갔으니, 답은 29입니다!

30

29          58  59
              1

오바 점프한 만큼 꼭 다시 빼줘야 돼!

**Guide**  감수(29)에서 NO형태의 어떤 수를 더하면 피감수(58)와 가까워질까요? 학생에게 충분히 생각할 시간을 주세요.

## 함께 하기   토리처럼 수직선에 표시하며 아래 뺄셈을 풀어봅시다.

**❶ 50−21=**

21

**❷ 71-42=**

42

**❸ 75-37=**

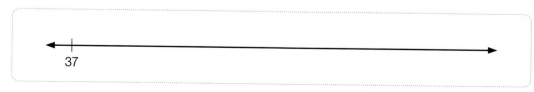

37

## 스스로 하기    토리처럼 수직선에 표시하며 아래 뺄셈을 풀어보세요.

**1**  **30-15=**

15

**2**  **50-33=**

33

**3**  **71-42=**

42

**4**  **85-58=**

58

**5**  **94-66=**

66

# 2. 뺄셈 전략 : 세어 올라가기
### 2-3. 쉬운 수로 점프

## 이해하기

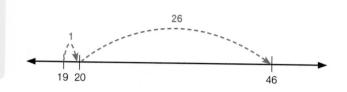

난 46-19를 풀 때,
계산하기 쉬운 수로 만든 후
세어 올라갔어!
19에서 1만큼 점프하면 20!
20에서 26만큼 점프하면 46!
1+26 만큼 세어 올라갔으니,
답은 27이야!

두리

**Guide**  감수(19)보다 크고 감수에 가까운 NO형태의 수로 점프하는 연습을 많이 합니다.

## 함께 하기    두리처럼 수직선에 표시하며 아래 뺄셈을 풀어봅시다.

**❶  39-28=**

28

**❷  63-49=**

49

**❸  70-37=**

37

**❹  85-26=**

26

## 스스로 하기  두리처럼 수직선에 표시하며 아래 뺄셈을 풀어보세요.

**1**  14-9=

9

**2**  42-27=

27

**3**  63-36=

36

**4**  72-59=

59

**5**  86-47=

47

**6**  92-68=

68

# 3. 뺄셈 전략 : 거꾸로 점프

## 3-1. 차례로 점프

**이해하기**    1) 수모형을 이용하여 거꾸로 점프하기 (차례로 점프)

$$58 - \blacksquare = 23$$

58에서 10씩 3번 빼면
48! 38! 28!
1씩 5번 차례로 빼면
27! 26! 25! 24! 23!
답은 23이야!

 두리

🎈 **Guide**   1. "58에서 10씩 3번 거꾸로 점프해 48! 38! 28! 1씩 5번 거꾸로 점프해 27! 26! 25! 24! 23!"처럼 소리 내어 점프합니다.
2. 실제 수모형이나 부록 수모형(71~100번)을 사용해서 활동하세요.

**함께 하기**    두리처럼 생각하며 아래의 뺄셈을 풀어봅시다.

❶   $$36 - \blacksquare = $$

❷   $$45 - \blacksquare = $$

❸   $$56 - \blacksquare = $$

❹   $$62 - \blacksquare = $$

**①**

$$43 \;-\; \boxed{\phantom{x}} \;=\; \boxed{\phantom{xxx}}$$

**②**

$$58 \;-\; \boxed{\phantom{x}} \;=\; \boxed{\phantom{xxx}}$$

**③**

$$62 \;-\; \boxed{\phantom{x}} \;=\; \boxed{\phantom{xxx}}$$

**④**

$$71 \;-\; \boxed{\phantom{x}} \;=\; \boxed{\phantom{xxx}}$$

**⑤**

$$82 \;-\; \boxed{\phantom{x}} \;=\; \boxed{\phantom{xxx}}$$

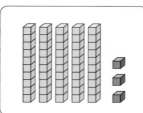

**2) 수직선을 이용하여 거꾸로 점프하기 ① (차례로 점프)**

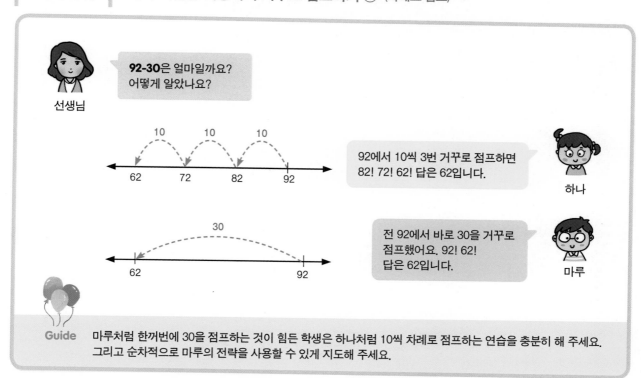

**함께 하기**　　하나와 마루처럼 수직선에 표시하며 아래 뺄셈을 풀어봅시다.

❶ **47-30 =**

❷ **63-40 =**

하나와 마루처럼 수직선에 표시하며 아래 뺄셈을 풀어보세요.

**1** 74-30=

**2** 84-40=

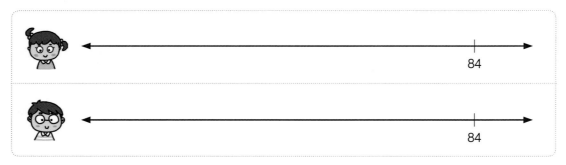

**3** 87-50=

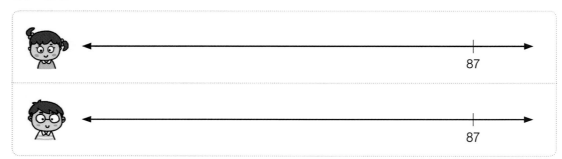

**4** 98-50=

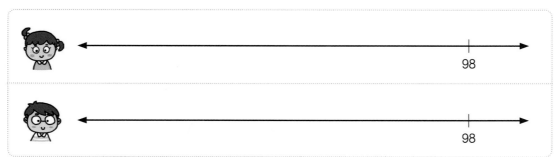

3) 수직선을 이용하여 거꾸로 점프하기 ② (차례로 점프)

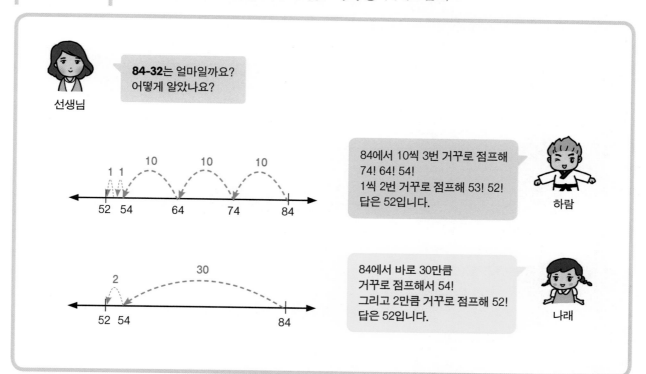

**84-32**는 얼마일까요?
어떻게 알았나요?

선생님

84에서 10씩 3번 거꾸로 점프해
74! 64! 54!
1씩 2번 거꾸로 점프해 53! 52!
답은 52입니다.

하람

84에서 바로 30만큼
거꾸로 점프해서 54!
그리고 2만큼 거꾸로 점프해 52!
답은 52입니다.

나래

함께 하기     하람이와 나래처럼 수직선에 표시하며 아래 뺄셈을 풀어봅시다.

❶ **32-23 =**

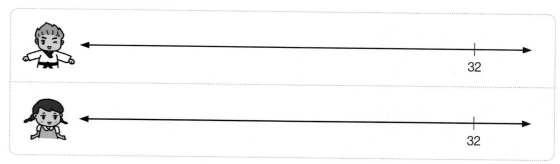

❷ **41-35 =**

**1**  **41−24 =**

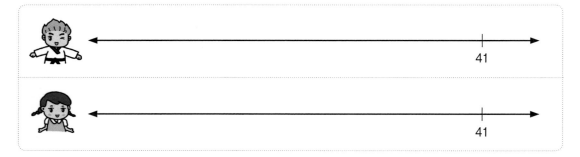

**2**  **67−48 =**

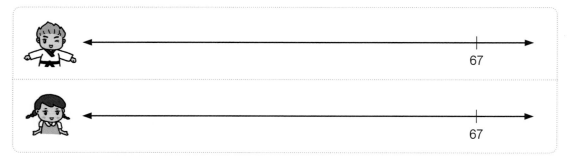

**3**  **81−63 =**

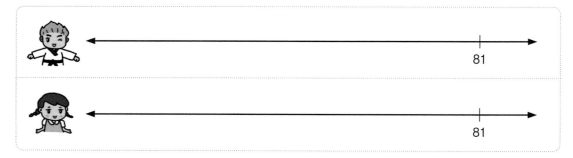

**4**  **96−37 =**

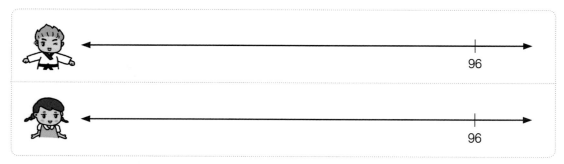

### 3-2. 오바 점프

**이해하기**

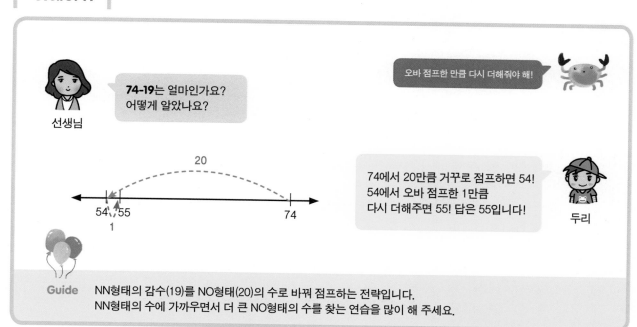

**74-19**는 얼마인가요?
어떻게 알았나요?

선생님

오바 점프한 만큼 다시 더해줘야 해!

74에서 20만큼 거꾸로 점프하면 54!
54에서 오바 점프한 1만큼
다시 더해주면 55! 답은 55입니다!

두리

**Guide** NN형태의 감수(19)를 NO형태(20)의 수로 바꿔 점프하는 전략입니다.
NN형태의 수에 가까우면서 더 큰 NO형태의 수를 찾는 연습을 많이 해 주세요.

**함께 하기**  두리처럼 수직선에 표시하며 아래 뺄셈을 풀어봅시다.

❶  **42-19=**

42

❷  **96-29=**

96

❸  **56-37=**

56

**스스로 하기**  두리처럼 수직선에 표시하며 아래 뺄셈을 풀어보세요.

① **57-18=**

57

② **64-28=**

64

③ **70-39=**

70

④ **72-48=**

72

⑤ **80-67=**

80

# 3. 뺄셈 전략 : 거꾸로 점프

## 3-3. 쉬운 수로 점프

### 이해하기

선생님

**71-39**는 얼마인가요?
어떻게 알았나요?

먼저 앞의 수를 NO형태로 만들어 봐!

```
  ③          10        10        ②        ①
   8                            10
 ╱   ╲    ╱    ╲   ╱    ╲   ╱    ╲   ╱╲ 1
32      40        50        60       70 71
```

71에서 39까지 거꾸로 점프하되 먼저 쉬운수로 만들어 점프했어요!

① 71에서 1만큼 거꾸로 점프해 70을 만들고!
② 이제 70에서 39를 빼요.먼저 30을 빼고
③ 9를 빼요. 하지만 처음에 1을 먼저 뺐으니 9 대신 8만큼 거꾸로 점프해요!
   답은 32입니다!

보배

**Guide**   피감수(71)보다 작은 NO형태의 수로 점프하는 연습을 먼저 충분히 해 주세요.

### 함께 하기   보배처럼 수직선에 표시하며 아래 뺄셈을 풀어봅시다.

❶ **32-13 =**

32

❷ **43-18 =**

43

## 스스로 하기   보배처럼 수직선에 표시하며 아래 뺄셈을 풀어보세요.

**1**   **41-39=**

41

**2**   **52-28=**

52

**3**   **63-35=**

63

**4**   **74-49=**

74

**5**   **83-57=**

83

# 3. 뺄셈 전략 : 거꾸로 점프
### 3-4. 일의 자리가 같도록 점프

## 이해하기

**83-35**는 얼마인가요?
어떻게 알았나요?

선생님

83에서 35까지 거꾸로 점프하되
일의 자리가 같게 만들어 점프했어요!

두리

① 83에서 2만큼 세어 올라가서 85!
② 85에서10씩 3번 거꾸로 점프해서
75! 65! 55!
③ 5씩 1번 거꾸로 점프해서 50!
④ 그리고 처음에 더해준 2를 빼주기
위해 2만큼 거꾸로 점프하면 48!

답은 48입니다.

35와 일의 자리를 같게 만들기 위해
83에 2를 더해 85로 만들었구나!

**Guide** 1. 피감수와 감수의 일의 자리를 같게 만들기 위해 피감수에 얼마를 더해 주어야 할지 생각합니다.
2. 더한 만큼 다시 빼줘야 계산의 값이 변하지 않음을 안내해 주세요.

## 함께 하기    두리처럼 수직선에 표시하며 아래 뺄셈을 풀어봅시다.

**①** **33-14 =**

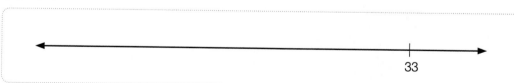

**②** **45-17 =**

## 스스로 하기　　두리처럼 수직선에 표시하며 아래 뺄셈을 풀어보세요.

**①　54-25 =**

54

**②　66-28 =**

66

**③　72-33 =**

72

**④　86-49 =**

86

**⑤　97-58 =**

97

### 3-5. 갈라서 점프

## 이해하기

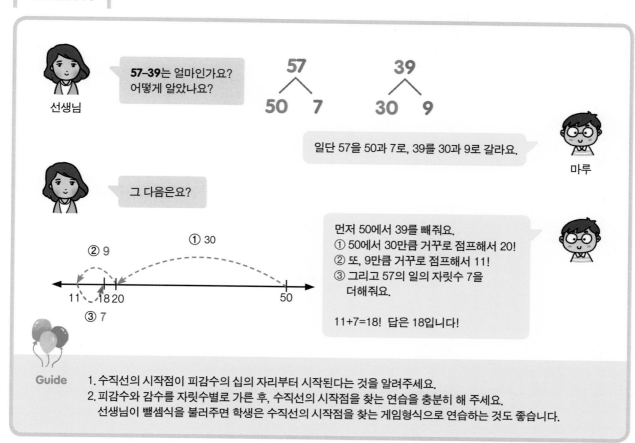

**57–39**는 얼마인가요?
어떻게 알았나요?

선생님

일단 57을 50과 7로, 39를 30과 9로 갈라요.

마루

그 다음은요?

먼저 50에서 39를 빼줘요.
① 50에서 30만큼 거꾸로 점프해서 20!
② 또, 9만큼 거꾸로 점프해서 11!
③ 그리고 57의 일의 자릿수 7을
더해줘요.

11+7=18! 답은 18입니다!

Guide  1. 수직선의 시작점이 피감수의 십의 자리부터 시작된다는 것을 알려주세요.
2. 피감수와 감수를 자릿수별로 가른 후, 수직선의 시작점을 찾는 연습을 충분히 해 주세요.
선생님이 뺄셈식을 불러주면 학생은 수직선의 시작점을 찾는 게임형식으로 연습하는 것도 좋습니다.

## 함께 하기    마루처럼 수직선에 표시하면서 아래 뺄셈을 풀어봅시다.

❶ **24–16 =**

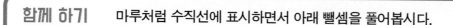

20

❷ **45-29 =**

## 스스로 하기 마루처럼 수직선에 표시하면서 아래 뺄셈을 풀어보세요.

**❶ 31-15 =**

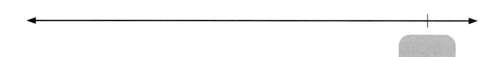

**❷ 44-17 =**

**❸ 55-28 =**

**❹ 62-33 =**

**❺ 77-49 =**

## 이해하기

새나

> 난 53-18을 할 때, 10의 자리부터 계산해.
> ① 왼쪽 그림처럼 53-10=43 → 43-8=35로 풀기도 하고,
> ② 오른쪽 그림처럼 50에서 10을 먼저 뺀 후 3-8을 5개 빚으로 생각해서 풀기도 해.

|   | 5 | 3 |         |
|---|---|---|---------|
| - | 1 | 8 |         |
|   | 4 | 3 | ① 53-10 |
| - |   | 8 | ② 43-8  |
|   | 3 | 5 |         |

|   | 5 | 3 |         |
|---|---|---|---------|
| - | 1 | 8 |         |
|   | 4 | 0 | ① 50-10 |
| 빚 |  | 5 | ② 3-8   |
|   | 3 | 5 |         |

**Guide**
1. 학생이 뺄셈 전략을 모두 사용하는 것을 힘들어하면, 먼저 1개의 전략을 충분히 연습합니다.
2. 1개의 전략이 충분히 숙달된 후 또 다른 전략을 연습을 해도 좋습니다.

## 함께 하기   새나처럼 생각하며 아래 뺄셈을 풀어봅시다.

❶ 62-34=

|   | 6 | 2 |
|---|---|---|
| - | 3 | 4 |
|   |   |   |
| - |   |   |
|   |   |   |

|   | 6 | 2 |
|---|---|---|
| - | 3 | 4 |
|   |   |   |
| 빚 |  |   |
|   |   |   |

❷ 56-27=

|   | 5 | 6 |
|---|---|---|
| - | 2 | 7 |
|   |   |   |
| - |   |   |
|   |   |   |

|   | 5 | 6 |
|---|---|---|
| - | 2 | 7 |
|   |   |   |
| 빚 |  |   |
|   |   |   |

❸ 81-67=

|   | 8 | 1 |
|---|---|---|
| - | 6 | 7 |
|   |   |   |
| - |   |   |
|   |   |   |

|   | 8 | 1 |
|---|---|---|
| - | 6 | 7 |
|   |   |   |
| 빚 |  |   |
|   |   |   |

❹ 93-55=

|   | 9 | 3 |
|---|---|---|
| - | 5 | 5 |
|   |   |   |
| - |   |   |
|   |   |   |

|   | 9 | 3 |
|---|---|---|
| - | 5 | 5 |
|   |   |   |
| 빚 |  |   |
|   |   |   |

**①  25−17=**

|   | 2 | 5 |
|---|---|---|
| - | 1 | 7 |
|   |   |   |
| - |   |   |
|   |   |   |

|   | 2 | 5 |
|---|---|---|
| - | 1 | 7 |
|   |   |   |
|   | 빚 |   |
|   |   |   |

**②  52−38=**

|   | 5 | 2 |
|---|---|---|
| - | 3 | 8 |
|   |   |   |
| - |   |   |
|   |   |   |

|   | 5 | 2 |
|---|---|---|
| - | 3 | 8 |
|   |   |   |
|   | 빚 |   |
|   |   |   |

**③  47−39=**

|   | 4 | 7 |
|---|---|---|
| - | 3 | 9 |
|   |   |   |
| - |   |   |
|   |   |   |

|   | 4 | 7 |
|---|---|---|
| - | 3 | 9 |
|   |   |   |
|   | 빚 |   |
|   |   |   |

**④  61−19=**

|   | 6 | 1 |
|---|---|---|
| - | 1 | 9 |
|   |   |   |
| - |   |   |
|   |   |   |

|   | 6 | 1 |
|---|---|---|
| - | 1 | 9 |
|   |   |   |
|   | 빚 |   |
|   |   |   |

**⑤  60−42=**

|   | 6 | 0 |
|---|---|---|
| - | 4 | 2 |
|   |   |   |
| - |   |   |
|   |   |   |

|   | 6 | 0 |
|---|---|---|
| - | 4 | 2 |
|   |   |   |
|   | 빚 |   |
|   |   |   |

**⑥  93−26=**

|   | 9 | 3 |
|---|---|---|
| - | 2 | 6 |
|   |   |   |
| - |   |   |
|   |   |   |

|   | 9 | 3 |
|---|---|---|
| - | 2 | 6 |
|   |   |   |
|   | 빚 |   |
|   |   |   |

**5. 뺄셈 전략 : 갈라서 빼기**

## 이해하기

선생님

> **73-39**는 얼마인가요**?**
> 어떻게 알았나요**?**

$$
\begin{array}{cc}
73 \\
-\ 39 \\
\hline
\end{array}
\quad \xrightarrow{\text{가르기}} \quad
\begin{array}{cc}
60 & 13 \\
-\ 30 & 9 \\
\hline
30\ +\ 4 \\
=\ 34
\end{array}
$$

빼기

남은 것끼리
더하기

보배

> 34입니다!
> 73을 60과 13으로 가르고
> 39를 30과 9로 갈라서 뺐어요.

**Guide**

피감수(73)와 감수(39)의 가르기 연습을 먼저 합니다. 이때 피감수는 감수보다 크도록 가릅니다.
즉, 73을 70과 3으로 가르지 않고, 60과 13으로 가르는 이유를 설명해주시고, 다른 뺄셈의 예를 들어 연습해주세요.
예를 들면, "53-18의 경우 53을 어떻게 갈라야 할까요?" 라고 질문을 합니다.

## 함께 하기    보배 생각처럼 아래 뺄셈을 풀면서 빈칸을 채워 봅시다.

**❶**  **83-36 =**

$$
\begin{array}{cc}
83 \\
-\ 36 \\
\hline
\end{array}
\quad \xrightarrow{\text{가르기}} \quad
\begin{array}{cc}
70 & \boxed{\phantom{00}} \\
-\ 30 & 6 \\
\hline
40\ +\ \boxed{\phantom{00}} \\
=\ \boxed{\phantom{00}}
\end{array}
$$

빼기

남은 것끼리
더하기

**❷**  **96-39 =**

$$
\begin{array}{cc}
96 \\
-\ 39 \\
\hline
\end{array}
\quad \xrightarrow{\text{가르기}} \quad
\begin{array}{cc}
80 & \boxed{\phantom{00}} \\
-\ 30 & \boxed{\phantom{00}} \\
\hline
\boxed{\phantom{00}}\ +\ \boxed{\phantom{00}} \\
=\ \boxed{\phantom{00}}
\end{array}
$$

빼기

남은 것끼리
더하기

**1** 75-26 =

| 75 |
| - 26 |

가르기 ⟹

|  | 60 | 15 |
| - | 20 | 6 | 빼기 |

+ 남은 것끼리 더하기

=

**2** 62-47 =

| 62 |
| - 47 |

가르기 ⟹

|  | 50 | |
| - | 40 | | 빼기 |

+ 남은 것끼리 더하기

=

**3** 87-38 =

| 87 |
| - 38 |

가르기 ⟹

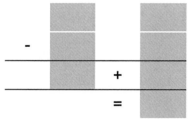

**4** 43-25 =

| 43 |
| - 25 |

가르기 ⟹

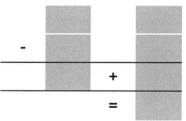

**5** 63-39 =

| 63 |
| - 39 |

가르기 ⟹

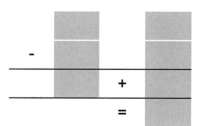

# 6. 뺄셈 전략 : 오스트리아 방법

## 이해하기

 선생님

**82–47**은 얼마인가요? 어떻게 알았나요?

35입니다! 뺄셈을 할 때 학교에서 배운 것처럼 앞의 수에서 받아 내리지 않고 빼는 수에 그 수만큼 더하면서 받아 내렸어요.

 하람

$$8 \quad {}^{12}2$$
$$- \quad 4^5 \quad 7$$

빼려는 수 7이 2보다 크므로 2에 10개의 1을 더해주고 아래의 40에 1개의 10을 더해준다.

$$12 - 7 = 5$$

$$80 - 50 = 30$$

**Guide** 학교에서 배우는 방법과의 차이점을 설명해주세요. 학교에서는 피감수 80에서 10을 빌려주어 70으로 바꾸어 계산하지만, 오스트리아 방법은 감수의 40에 10을 더하여 50으로 바꾸어 계산합니다.

## 함께 하기  하람이 생각처럼 아래 뺄셈을 풀면서 빈칸을 채워 봅시다.

❶ **75–37 =**

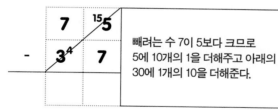

$$7 \quad {}^{15}5$$
$$- \quad 3^4 \quad 7$$

빼려는 수 7이 5보다 크므로 5에 10개의 1을 더해주고 아래의 30에 1개의 10을 더해준다.

$$15 - 7 = \boxed{\phantom{0}}$$

$$70 - 40 = \boxed{\phantom{0}}$$

❷ **56–38 =**

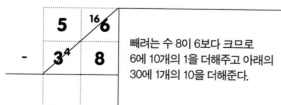

$$5 \quad {}^{16}6$$
$$- \quad 3^4 \quad 8$$

빼려는 수 8이 6보다 크므로 6에 10개의 1을 더해주고 아래의 30에 1개의 10을 더해준다.

$$16 - \boxed{\phantom{0}} = \boxed{\phantom{0}}$$

$$50 - \boxed{\phantom{0}} = \boxed{\phantom{0}}$$

❸ **54–17 =**

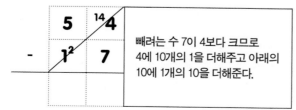

$$5 \quad {}^{14}4$$
$$- \quad 1^2 \quad 7$$

빼려는 수 7이 4보다 크므로 4에 10개의 1을 더해주고 아래의 10에 1개의 10을 더해준다.

$$\boxed{\phantom{0}} - \boxed{\phantom{0}} = \boxed{\phantom{0}}$$

$$\boxed{\phantom{0}} - \boxed{\phantom{0}} = \boxed{\phantom{0}}$$

**1**

```
    7  ¹⁵5
-   3⁴  7
    3
```

**2**

```
    6  ¹⁴4
-   2³  8
```

**3**

```
    7  7
-   1  9
```

**4**

```
    8  3
-   3  8
```

**5**

```
    6  4
-   4  7
```

**6**

```
    5  6
-   1  9
```

**7**

```
    3  2
-   1  6
```

**8**

```
    6  3
-   2  4
```

**9**

```
    9  6
-   5  8
```

**10**

```
    4  2
-   2  6
```

**11**

```
    7  8
-   4  9
```

**12**

```
    5  3
-   1  4
```

**13**

```
    8  2
-   6  5
```

**14**

```
    9  1
-   1  9
```

**15**

```
    7  2
-   3  3
```

# 7. 뺄셈 전략 : 빼고 더하기

**이해하기** 1) 100숫자판을 이용하여 빼고 더하기

준비물 : 100숫자판, 말(바둑돌)

선생님

> **73-39**는 얼마인가요?
> 어떻게 알았나요?

| 1 | 2 | 3 | 4 | 5 | 6 | 7 | 8 | 9 | 10 |
|---|---|---|---|---|---|---|---|---|---|
| 11 | 12 | 13 | 14 | 15 | 16 | 17 | 18 | 19 | 20 |
| 21 | 22 | 23 | 24 | 25 | 26 | 27 | 28 | 29 | 30 |
| 31 | 32 | 33 | 34 | 35 | 36 | 37 | 38 | 39 | 40 |
| 41 | 42 | 43 | 44 | 45 | 46 | 47 | 48 | 49 | 50 |
| 51 | 52 | 53 | 54 | 55 | 56 | 57 | 58 | 59 | 60 |
| 61 | 62 | 63 | 64 | 65 | 66 | 67 | 68 | 69 | 70 |
| 71 | 72 | 73 | 74 | 75 | 76 | 77 | 78 | 79 | 80 |
| 81 | 82 | 83 | 84 | 85 | 86 | 87 | 88 | 89 | 90 |
| 91 | 92 | 93 | 94 | 95 | 96 | 97 | 98 | 99 | 100 |

> 34입니다!
> 73에서 40을 뺀 후 1을 더하면 돼요.
> 저는 숫자판을 이용했는데요.
> 40을 빼기 위하여 위로 4칸 가고,
> 1을 더하기 위하여 오른쪽으로
> 한 칸 갔어요.

나래

**Guide**
1. 숫자판에서 위로 1칸 이동하면 10씩 줄고, 오른쪽으로 1칸 이동하면 1씩 늘어난다는 것을 다시 한 번 확인시켜 주세요.
2. 〈스스로 하기〉의 100숫자판과 말(바둑알, 지우개 등)을 활용하여 지도해 주세요.

**함께 하기** 나래 생각처럼 숫자판에 표시하며 아래 뺄셈을 풀어 봅시다.

❶ **53-14 =**

| 1 | 2 | 3 | 4 | 5 | 6 | 7 | 8 | 9 | 10 |
|---|---|---|---|---|---|---|---|---|---|
| 11 | 12 | 13 | 14 | 15 | 16 | 17 | 18 | 19 | 20 |
| 21 | 22 | 23 | 24 | 25 | 26 | 27 | 28 | 29 | 30 |
| 31 | 32 | 33 | 34 | 35 | 36 | 37 | 38 | 39 | 40 |
| 41 | 42 | 43 | 44 | 45 | 46 | 47 | 48 | 49 | 50 |
| 51 | 52 | 53 | 54 | 55 | 56 | 57 | 58 | 59 | 60 |
| 61 | 62 | 63 | 64 | 65 | 66 | 67 | 68 | 69 | 70 |
| 71 | 72 | 73 | 74 | 75 | 76 | 77 | 78 | 79 | 80 |
| 81 | 82 | 83 | 84 | 85 | 86 | 87 | 88 | 89 | 90 |
| 91 | 92 | 93 | 94 | 95 | 96 | 97 | 98 | 99 | 100 |

❷ **62-25 =**

| 1 | 2 | 3 | 4 | 5 | 6 | 7 | 8 | 9 | 10 |
|---|---|---|---|---|---|---|---|---|---|
| 11 | 12 | 13 | 14 | 15 | 16 | 17 | 18 | 19 | 20 |
| 21 | 22 | 23 | 24 | 25 | 26 | 27 | 28 | 29 | 30 |
| 31 | 32 | 33 | 34 | 35 | 36 | 37 | 38 | 39 | 40 |
| 41 | 42 | 43 | 44 | 45 | 46 | 47 | 48 | 49 | 50 |
| 51 | 52 | 53 | 54 | 55 | 56 | 57 | 58 | 59 | 60 |
| 61 | 62 | 63 | 64 | 65 | 66 | 67 | 68 | 69 | 70 |
| 71 | 72 | 73 | 74 | 75 | 76 | 77 | 78 | 79 | 80 |
| 81 | 82 | 83 | 84 | 85 | 86 | 87 | 88 | 89 | 90 |
| 91 | 92 | 93 | 94 | 95 | 96 | 97 | 98 | 99 | 100 |

❸ **85-37 =**

| 1 | 2 | 3 | 4 | 5 | 6 | 7 | 8 | 9 | 10 |
|---|---|---|---|---|---|---|---|---|---|
| 11 | 12 | 13 | 14 | 15 | 16 | 17 | 18 | 19 | 20 |
| 21 | 22 | 23 | 24 | 25 | 26 | 27 | 28 | 29 | 30 |
| 31 | 32 | 33 | 34 | 35 | 36 | 37 | 38 | 39 | 40 |
| 41 | 42 | 43 | 44 | 45 | 46 | 47 | 48 | 49 | 50 |
| 51 | 52 | 53 | 54 | 55 | 56 | 57 | 58 | 59 | 60 |
| 61 | 62 | 63 | 64 | 65 | 66 | 67 | 68 | 69 | 70 |
| 71 | 72 | 73 | 74 | 75 | 76 | 77 | 78 | 79 | 80 |
| 81 | 82 | 83 | 84 | 85 | 86 | 87 | 88 | 89 | 90 |
| 91 | 92 | 93 | 94 | 95 | 96 | 97 | 98 | 99 | 100 |

❹ **92-48 =**

| 1 | 2 | 3 | 4 | 5 | 6 | 7 | 8 | 9 | 10 |
|---|---|---|---|---|---|---|---|---|---|
| 11 | 12 | 13 | 14 | 15 | 16 | 17 | 18 | 19 | 20 |
| 21 | 22 | 23 | 24 | 25 | 26 | 27 | 28 | 29 | 30 |
| 31 | 32 | 33 | 34 | 35 | 36 | 37 | 38 | 39 | 40 |
| 41 | 42 | 43 | 44 | 45 | 46 | 47 | 48 | 49 | 50 |
| 51 | 52 | 53 | 54 | 55 | 56 | 57 | 58 | 59 | 60 |
| 61 | 62 | 63 | 64 | 65 | 66 | 67 | 68 | 69 | 70 |
| 71 | 72 | 73 | 74 | 75 | 76 | 77 | 78 | 79 | 80 |
| 81 | 82 | 83 | 84 | 85 | 86 | 87 | 88 | 89 | 90 |
| 91 | 92 | 93 | 94 | 95 | 96 | 97 | 98 | 99 | 100 |

| 1 | 2 | 3 | 4 | 5 | 6 | 7 | 8 | 9 | 10 |
|---|---|---|---|---|---|---|---|---|---|
| 11 | 12 | 13 | 14 | 15 | 16 | 17 | 18 | 19 | 20 |
| 21 | 22 | 23 | 24 | 25 | 26 | 27 | 28 | 29 | 30 |
| 31 | 32 | 33 | 34 | 35 | 36 | 37 | 38 | 39 | 40 |
| 41 | 42 | 43 | 44 | 45 | 46 | 47 | 48 | 49 | 50 |
| 51 | 52 | 53 | 54 | 55 | 56 | 57 | 58 | 59 | 60 |
| 61 | 62 | 63 | 64 | 65 | 66 | 67 | 68 | 69 | 70 |
| 71 | 72 | 73 | 74 | 75 | 76 | 77 | 78 | 79 | 80 |
| 81 | 82 | 83 | 84 | 85 | 86 | 87 | 88 | 89 | 90 |
| 91 | 92 | 93 | 94 | 95 | 96 | 97 | 98 | 99 | 100 |

**1**   67-14 =         **2**   73-32 =   

**3**   81-45 =         **4**   56-38 =   

**5**   42-26 =         **6**   84-37 =   

**7**   31-19 =         **8**   93-58 =

2) 계산하기 쉬운 수로 바꾸어 빼고 더하기

선생님

**83-25**는 얼마인가요?
어떻게 알았나요?

58입니다!
먼저 빼려는 수 25에 5를 더해서 30으로 만들어요.
그래서 83-30의 답을 구한 다음
다시 5를 더하면 쉽게 풀 수 있어요.
그러니까 83-25=83-30+5로 풀 수 있어요.

나래

**Guide** 계산하기 쉽도록 감수(25)를 NO형태의 수(30)로 바꿀 수 있도록 지도합니다.

---

**함께 하기** 오른쪽 뺄셈 문제는 왼쪽 문제를 더 쉽게 만든 것입니다. 답이 같은 것끼리 이어 봅시다.

| 88-28 | • | | • | (55-20)+3 |
| 43-19 | • | | • | (88-30)+2 |
| 55-17 | • | | • | (43-20)+1 |

| 60-39 | • | | • | (60-40)+1 |
| 92-27 | • | | • | (56-20)+2 |
| 56-18 | • | | • | (92-30)+3 |

| 95-48 | • | | • | (60-40)+4 |
| 92-35 | • | | • | (92-40)+5 |
| 60-36 | • | | • | (95-50)+2 |

| 56-37 | • | | • | (60-30)+2 |
| 52-26 | • | | • | (56-40)+3 |
| 60-28 | • | | • | (52-30)+4 |

| 96-19 | • |
|---|---|
| 98-48 | • |
| 92-46 | • |

| • | (92-50)+4 |
|---|---|
| • | (96-20)+1 |
| • | (98-50)+2 |

| 80-45 | • |
|---|---|
| 51-29 | • |
| 50-26 | • |

| • | (80-50)+5 |
|---|---|
| • | (51-30)+1 |
| • | (50-30)+4 |

| 70-36 | • |
|---|---|
| 90-55 | • |
| 81-37 | • |

| • | (70-40)+4 |
|---|---|
| • | (81-40)+3 |
| • | (90-60)+5 |

| 33-19 | • |
|---|---|
| 55-16 | • |
| 61-18 | • |

| • | (61-20)+2 |
|---|---|
| • | (55-20)+4 |
| • | (33-20)+1 |

| 75-17 | • |
|---|---|
| 32-16 | • |
| 95-39 | • |

| • | (32-20)+4 |
|---|---|
| • | (75-20)+3 |
| • | (95-40)+1 |

| 60-27 | • |
|---|---|
| 30-15 | • |
| 85-37 | • |

| • | (30-20)+5 |
|---|---|
| • | (60-30)+3 |
| • | (85-40)+3 |

| 70-37 | • |
|---|---|
| 80-36 | • |
| 42-28 | • |

| • | (80-40)+4 |
|---|---|
| • | (42-30)+2 |
| • | (70-40)+3 |

8. 뺄셈 전략 : 같은 변화

## 이해하기

37-29는 얼마인가요?
어떻게 알았나요?

선생님

29  30                    37  38

8입니다!
29에 1을 더해서 30, 37에 1를 더해서 38로 만들면,
38-30이 되어서 쉽게 답을 구할 수 있어요.
37-29=38-30으로 풀 수 있어요.

나래

Guide  계산하기 쉽도록 감수(25)를 N○ 형태의 수(30)로 바꿀 수 있도록 지도합니다.

---

**함께 하기**  오른쪽 뺄셈 문제는 왼쪽 문제를 더 쉽게 만든 것입니다. 답이 같은 것끼리 이어 봅시다.

| 48-29 | • |   | • | 56-20 |
| 37-19 | • |   | • | 49-30 |
| 55-19 | • |   | • | 38-20 |

| 83-38 | • |   | • | 94-40 |
| 62-16 | • |   | • | 85-40 |
| 91-37 | • |   | • | 66-20 |

---

**스스로 하기**  답이 같은 것끼리 이어 봅시다.

| 55-18 | • |   | • | 57-20 |
| 73-37 | • |   | • | 89-70 |
| 88-69 | • |   | • | 76-40 |

| 62-39 | • |   | • | 63-40 |
| 51-15 | • |   | • | 46-30 |
| 44-28 | • |   | • | 56-20 |

## D단계 1. 100씩 더하고 빼기

 **이해하기** 1) 1000숫자판을 이용하여 100씩 더하기

준비물 : 1000숫자판, 말(바둑돌)

**선생님:** **350+400**는 얼마인가요?
어떻게 알았나요?

| 10 | 20 | 30 | 40 | 50 | 60 | 70 | 80 | 90 | 100 |
|---|---|---|---|---|---|---|---|---|---|
| 110 | 120 | 130 | 140 | 150 | 160 | 170 | 180 | 190 | 200 |
| 210 | 220 | 230 | 240 | 250 | 260 | 270 | 280 | 290 | 300 |
| 310 | 320 | 330 | 340 | 350 | 360 | 370 | 380 | 390 | 400 |
| 410 | 420 | 430 | 440 | 450 | 460 | 470 | 480 | 490 | 500 |
| 510 | 520 | 530 | 540 | 550 | 560 | 570 | 580 | 590 | 600 |
| 610 | 620 | 630 | 640 | 650 | 660 | 670 | 680 | 690 | 700 |
| 710 | 720 | 730 | 740 | 750 | 760 | 770 | 780 | 790 | 800 |
| 810 | 820 | 830 | 840 | 850 | 860 | 870 | 880 | 890 | 900 |
| 910 | 920 | 930 | 940 | 950 | 960 | 970 | 980 | 990 | 1000 |

**마루:** 답은 750입니다!
1000숫자판을 이용했어요.
350에서 아래로 4칸 이동해요.
그러면 450, 550, 650, 750!

 **Guide** 1. 1000숫자판에서 아래로 1칸 이동하면 100씩 커진다는 것을 학생에게 지도합니다.
2. 스스로 하기의 1000숫자판과 말(바둑돌)을 활용하여 연습을 할 수 있습니다.

 **함께 하기** 마루처럼 풀면서 숫자판에 표시하여 아래 문제를 풀어 봅시다.

❶
| 10 | 20 | 30 | 40 | 50 | 60 | 70 | 80 | 90 | 100 |
|---|---|---|---|---|---|---|---|---|---|
| 110 | 120 | 130 | 140 | 150 | 160 | 170 | 180 | 190 | 200 |
| 210 | 220 | 230 | 240 | 250 | 260 | 270 | 280 | 290 | 300 |
| 310 | 320 | 330 | 340 | 350 | 360 | 370 | 380 | 390 | 400 |
| 410 | 420 | 430 | 440 | 450 | 460 | 470 | 480 | 490 | 500 |
| 510 | 520 | 530 | 540 | 550 | 560 | 570 | 580 | 590 | 600 |
| 610 | 620 | 630 | 640 | 650 | 660 | 670 | 680 | 690 | 700 |
| 710 | 720 | 730 | 740 | 750 | 760 | 770 | 780 | 790 | 800 |
| 810 | 820 | 830 | 840 | 850 | 860 | 870 | 880 | 890 | 900 |
| 910 | 920 | 930 | 940 | 950 | 960 | 970 | 980 | 990 | 1000 |

❷
| 10 | 20 | 30 | 40 | 50 | 60 | 70 | 80 | 90 | 100 |
|---|---|---|---|---|---|---|---|---|---|
| 110 | 120 | 130 | 140 | 150 | 160 | 170 | 180 | 190 | 200 |
| 210 | 220 | 230 | 240 | 250 | 260 | 270 | 280 | 290 | 300 |
| 310 | 320 | 330 | 340 | 350 | 360 | 370 | 380 | 390 | 400 |
| 410 | 420 | 430 | 440 | 450 | 460 | 470 | 480 | 490 | 500 |
| 510 | 520 | 530 | 540 | 550 | 560 | 570 | 580 | 590 | 600 |
| 610 | 620 | 630 | 640 | 650 | 660 | 670 | 680 | 690 | 700 |
| 710 | 720 | 730 | 740 | 750 | 760 | 770 | 780 | 790 | 800 |
| 810 | 820 | 830 | 840 | 850 | 860 | 870 | 880 | 890 | 900 |
| 910 | 920 | 930 | 940 | 950 | 960 | 970 | 980 | 990 | 1000 |

**450+300 =**

**230+500 =**

| 10 | 20 | 30 | 40 | 50 | 60 | 70 | 80 | 90 | 100 |
|---|---|---|---|---|---|---|---|---|---|
| 110 | 120 | 130 | 140 | 150 | 160 | 170 | 180 | 190 | 200 |
| 210 | 220 | 230 | 240 | 250 | 260 | 270 | 280 | 290 | 300 |
| 310 | 320 | 330 | 340 | 350 | 360 | 370 | 380 | 390 | 400 |
| 410 | 420 | 430 | 440 | 450 | 460 | 470 | 480 | 490 | 500 |
| 510 | 520 | 530 | 540 | 550 | 560 | 570 | 580 | 590 | 600 |
| 610 | 620 | 630 | 640 | 650 | 660 | 670 | 680 | 690 | 700 |
| 710 | 720 | 730 | 740 | 750 | 760 | 770 | 780 | 790 | 800 |
| 810 | 820 | 830 | 840 | 850 | 860 | 870 | 880 | 890 | 900 |
| 910 | 920 | 930 | 940 | 950 | 960 | 970 | 980 | 990 | 1000 |

❶ 170 + 200 =

❷ 480 + 300 =

❸ 630 + 300 =

❹ 150 + 500 =

❺ 320 + 600 =

❻ 290 + 400 =

❼ 270 + 700 =

❽ 190 + 800 =

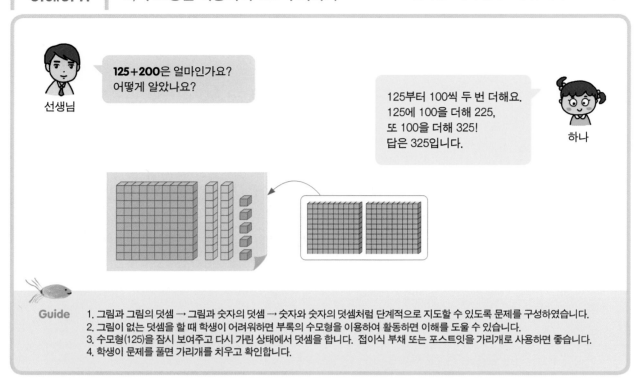

선생님

**125+200**은 얼마인가요?
어떻게 알았나요?

125부터 100씩 두 번 더해요.
125에 100을 더해 225,
또 100을 더해 325!
답은 325입니다.

하나

**Guide**

1. 그림과 그림의 덧셈 → 그림과 숫자의 덧셈 → 숫자와 숫자의 덧셈처럼 단계적으로 지도할 수 있도록 문제를 구성하였습니다.
2. 그림이 없는 덧셈을 할 때 학생이 어려워하면 부록의 수모형을 이용하여 활동하면 이해를 도울 수 있습니다.
3. 수모형(125)을 잠시 보여주고 다시 가린 상태에서 덧셈을 합니다. 접이식 부채 또는 포스트잇을 가리개로 사용하면 좋습니다.
4. 학생이 문제를 풀면 가리개를 치우고 확인합니다.

**함께 하기**   가리개와 수모형을 사용하여 아래 덧셈을 풀어 봅시다.

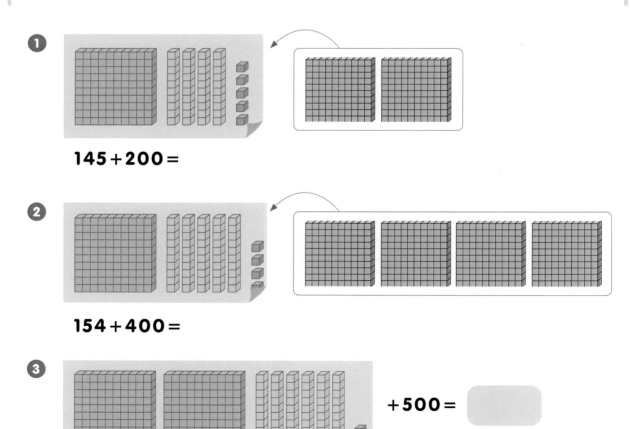

❶

**145+200=**

❷

**154+400=**

❸

**+500=**

④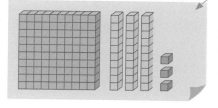

133 + 300 =

⑤ 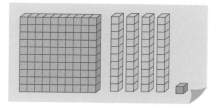　　　+200 =

⑥ 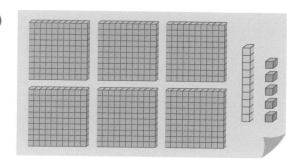　　　+300 =

⑦ 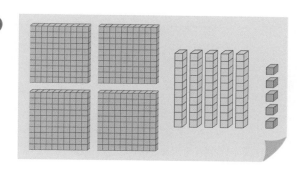　　　+500 =

---

**스스로 하기**　하나의 생각처럼 아래 덧셈을 풀어 보세요.

❶ 134 + 200 =

❷ 237 + 300 =

❸ 253 + 400 =

❹ 412 + 500 =

❺ 227 + 500 =

❻ 128 + 600 =

❼ 374 + 600 =

❽ 215 + 700 =

**선생님**

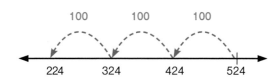

**524-300**은 얼마인가요?
어떻게 알았나요?

**하나**

저는 거꾸로 세어서 풀었어요.
524부터 시작해서
424, 324, 224!
답은 224입니다.

```
      100      100      100
   224     324     424     524
```

**Guide** 1. 100씩 거꾸로 세기를 선생님과 번갈아 가며 연습하다가 학생 혼자서 할 수 있도록 도와주세요.
2. 학생이 어려워하면 수모형(부록카드 71-110)을 병행하여 지도하면 도움이 됩니다.

**함께 하기** 하나가 푼 것처럼 아래 뺄셈을 풀어 봅시다.

❶
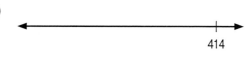
430

**430-200 =**

❷
540

**540-300 =**

❸

414

**414-200 =**

❹
632

**632-400 =**

❺

724

**724-600 =**

❻
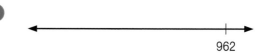
962

**962-700 =**

## 스스로 하기 하나가 푼 것처럼 아래 뺄셈을 풀어 보세요.

**1**

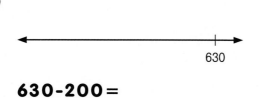

630-200=

**2**

510-300=

**3**

683-500=

**4**

387-200=

**5**

777-400=

**6**

979-600=

**7**

968-800=

**8**

765-300=

## 2. 10씩 더하고 빼기

---

**이해하기** | 1) 1000숫자판을 이용하여 10씩 더하기 | 준비물 : 1000숫자판, 말(바둑돌)

선생님

**350+40**은 얼마인가요?
어떻게 알았나요?

| 10 | 20 | 30 | 40 | 50 | 60 | 70 | 80 | 90 | 100 |
|---|---|---|---|---|---|---|---|---|---|
| 110 | 120 | 130 | 140 | 150 | 160 | 170 | 180 | 190 | 200 |
| 210 | 220 | 230 | 240 | 250 | 260 | 270 | 280 | 290 | 300 |
| 310 | 320 | 330 | 340 | 350 | 360 | 370 | 380 | 390 | 400 |
| 410 | 420 | 430 | 440 | 450 | 460 | 470 | 480 | 490 | 500 |
| 510 | 520 | 530 | 540 | 550 | 560 | 570 | 580 | 590 | 600 |
| 610 | 620 | 630 | 640 | 650 | 660 | 670 | 680 | 690 | 700 |
| 710 | 720 | 730 | 740 | 750 | 760 | 770 | 780 | 790 | 800 |
| 810 | 820 | 830 | 840 | 850 | 860 | 870 | 880 | 890 | 900 |
| 910 | 920 | 930 | 940 | 950 | 960 | 970 | 980 | 990 | 1000 |

저는 1000숫자판을 이용했어요.
350에서 옆으로 4칸 이동하면
360, 370, 380, 390!
답은 390입니다.

마루

**Guide**
1. 1000숫자판에서 옆으로 한 칸 이동하면 10씩 커진다는 것을 알려주세요.
2. 스스로 하기의 1000숫자판과 말(바둑돌 등)을 활용하여 충분한 연습을 할 수 있습니다.

---

**함께 하기** 마루처럼 숫자판에 표시하며 아래 문제를 풀어 봅시다.

**❶**

| 10 | 20 | 30 | 40 | 50 | 60 | 70 | 80 | 90 | 100 |
|---|---|---|---|---|---|---|---|---|---|
| 110 | 120 | 130 | 140 | 150 | 160 | 170 | 180 | 190 | 200 |
| 210 | 220 | 230 | 240 | 250 | 260 | 270 | 280 | 290 | 300 |
| 310 | 320 | 330 | 340 | 350 | 360 | 370 | 380 | 390 | 400 |
| 410 | 420 | 430 | 440 | 450 | 460 | 470 | 480 | 490 | 500 |
| 510 | 520 | 530 | 540 | 550 | 560 | 570 | 580 | 590 | 600 |
| 610 | 620 | 630 | 640 | 650 | 660 | 670 | 680 | 690 | 700 |
| 710 | 720 | 730 | 740 | 750 | 760 | 770 | 780 | 790 | 800 |
| 810 | 820 | 830 | 840 | 850 | 860 | 870 | 880 | 890 | 900 |
| 910 | 920 | 930 | 940 | 950 | 960 | 970 | 980 | 990 | 1000 |

**❷**

| 10 | 20 | 30 | 40 | 50 | 60 | 70 | 80 | 90 | 100 |
|---|---|---|---|---|---|---|---|---|---|
| 110 | 120 | 130 | 140 | 150 | 160 | 170 | 180 | 190 | 200 |
| 210 | 220 | 230 | 240 | 250 | 260 | 270 | 280 | 290 | 300 |
| 310 | 320 | 330 | 340 | 350 | 360 | 370 | 380 | 390 | 400 |
| 410 | 420 | 430 | 440 | 450 | 460 | 470 | 480 | 490 | 500 |
| 510 | 520 | 530 | 540 | 550 | 560 | 570 | 580 | 590 | 600 |
| 610 | 620 | 630 | 640 | 650 | 660 | 670 | 680 | 690 | 700 |
| 710 | 720 | 730 | 740 | 750 | 760 | 770 | 780 | 790 | 800 |
| 810 | 820 | 830 | 840 | 850 | 860 | 870 | 880 | 890 | 900 |
| 910 | 920 | 930 | 940 | 950 | 960 | 970 | 980 | 990 | 1000 |

**450+30 =**

**620+50 =**

**스스로 하기**   1000숫자판에 말(바둑돌)을 옮기면서 아래 문제를 풀어보세요.

| 10 | 20 | 30 | 40 | 50 | 60 | 70 | 80 | 90 | 100 |
|---|---|---|---|---|---|---|---|---|---|
| 110 | 120 | 130 | 140 | 150 | 160 | 170 | 180 | 190 | 200 |
| 210 | 220 | 230 | 240 | 250 | 260 | 270 | 280 | 290 | 300 |
| 310 | 320 | 330 | 340 | 350 | 360 | 370 | 380 | 390 | 400 |
| 410 | 420 | 430 | 440 | 450 | 460 | 470 | 480 | 490 | 500 |
| 510 | 520 | 530 | 540 | 550 | 560 | 570 | 580 | 590 | 600 |
| 610 | 620 | 630 | 640 | 650 | 660 | 670 | 680 | 690 | 700 |
| 710 | 720 | 730 | 740 | 750 | 760 | 770 | 780 | 790 | 800 |
| 810 | 820 | 830 | 840 | 850 | 860 | 870 | 880 | 890 | 900 |
| 910 | 920 | 930 | 940 | 950 | 960 | 970 | 980 | 990 | 1000 |

❶ $170 + 20 =$ 

❷ $250 + 40 =$ 

❸ $330 + 50 =$ 

❹ $480 + 20 =$ 

❺ $560 + 70 =$ 

❻ $150 + 60 =$ 

❼ $640 + 80 =$ 

❽ $750 + 90 =$

준비물 : 가리개, 수모형(부록카드71-110)

선생님

146+60은 얼마인가요?
어떻게 알았나요?

146에 10씩 6번 더했어요.
146에 10씩 차례로 더하면
156, 166, 176, 186, 196, 206!
답은 206이에요.

하나

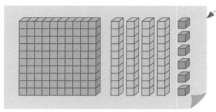

Guide

1. 그림과 그림의 덧셈 → 그림과 숫자의 덧셈 → 숫자와 숫자의 덧셈처럼 단계적으로 지도할 수 있도록 문제를 구성하였습니다.
2. 수모형(146)을 잠시 보여주고 다시 가린 상태에서 덧셈을 합니다.
3. 실제 수모형을 이용한다면 접이식 부채를, 교재를 이용한다면 포스트잇을 가리개로 사용하면 좋습니다.
4. 학생이 문제를 풀면 가리개를 치우고 확인합니다.

**함께 하기**  가리개와 수모형을 이용하여 아래 덧셈을 풀어 봅시다.

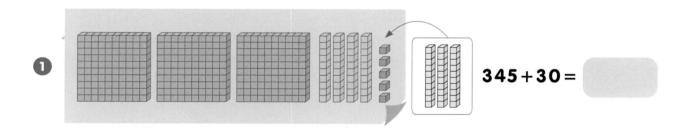

**①**  $345 + 30 =$ 

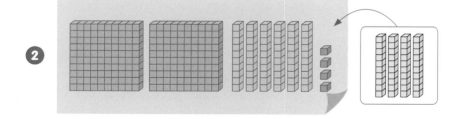

**②**  $264 + 40 =$ 

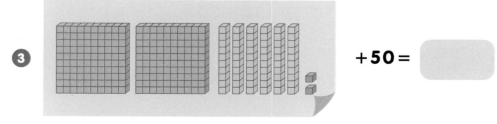

**③**  $+ 50 =$

④ 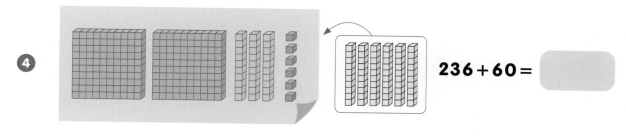 $236 + 60 =$ 

⑤ +70 = 

⑥ +80 = 

⑦ +90 = 

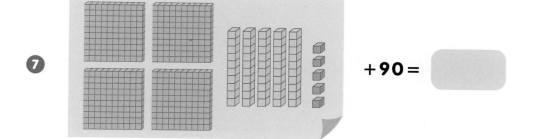

## 스스로 하기    하나가 푼 것처럼 아래 덧셈을 풀어 보세요.

① $134 + 20 =$

② $237 + 30 =$

③ $253 + 40 =$

④ $452 + 50 =$

⑤ $272 + 60 =$

⑥ $364 + 70 =$

⑦ $384 + 80 =$

⑧ $295 + 90 =$

3) 수직선을 이용하여 10씩 빼기

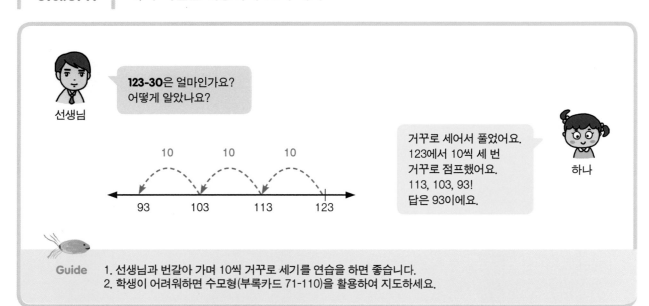

**선생님**: 123-30은 얼마인가요? 어떻게 알았나요?

**하나**: 거꾸로 세어서 풀었어요. 123에서 10씩 세 번 거꾸로 점프했어요. 113, 103, 93! 답은 93이에요.

Guide  1. 선생님과 번갈아 가며 10씩 거꾸로 세기를 연습을 하면 좋습니다.
2. 학생이 어려워하면 수모형(부록카드 71-110)을 활용하여 지도하세요.

**함께 하기**  하나가 푼 것처럼 아래 뺄셈을 풀어 봅시다.

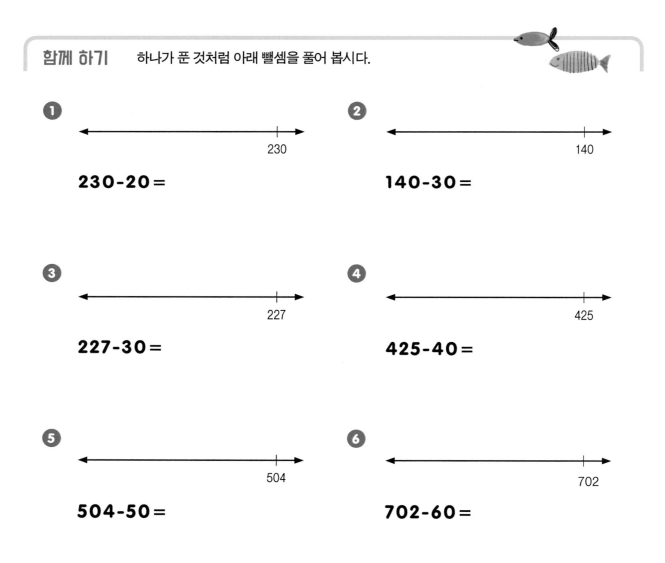

❶
230

230-20=

❷
140

140-30=

❸
227

227-30=

❹
425

425-40=

❺
504

504-50=

❻
702

702-60=

**①**

530

**530-20=**

**②**

250

**250-40=**

**③**

332

**332-40=**

**④**

617

**617-30=**

**⑤**

728

**728-50=**

**⑥**

433

**433-50=**

**⑦**

528

**528-40=**

**⑧**

818

**818-60=**

**⑨**

608

**608-70=**

**⑩**

702

**702-90=**

# 3. 100씩 10씩 더하고 빼기

 **이해하기** | 1) 1000숫자판을 이용하여 100씩 10씩 더하기

준비물 : 1000숫자판, 말(바둑돌)

 선생님

**350+420**은 얼마인가요?
어떻게 알았나요?

| | | | | | | | | | |
|---|---|---|---|---|---|---|---|---|---|
| 10 | 20 | 30 | 40 | 50 | 60 | 70 | 80 | 90 | 100 |
| 110 | 120 | 130 | 140 | 150 | 160 | 170 | 180 | 190 | 200 |
| 210 | 220 | 230 | 240 | 250 | 260 | 270 | 280 | 290 | 300 |
| 310 | 320 | 330 | 340 | 350 | 360 | 370 | 380 | 390 | 400 |
| 410 | 420 | 430 | 440 | 450 | 460 | 470 | 480 | 490 | 500 |
| 510 | 520 | 530 | 540 | 550 | 560 | 570 | 580 | 590 | 600 |
| 610 | 620 | 630 | 640 | 650 | 660 | 670 | 680 | 690 | 700 |
| 710 | 720 | 730 | 740 | 750 | 760 | 770 | 780 | 790 | 800 |
| 810 | 820 | 830 | 840 | 850 | 860 | 870 | 880 | 890 | 900 |
| 910 | 920 | 930 | 940 | 950 | 960 | 970 | 980 | 990 | 1000 |

 마루

350에서 400을 먼저 더하고
이어서 20을 더했어요.
1000숫자판 350에서
아래로 4칸 이동하면 750!
옆으로 2칸 이동하면 770!
답은 770입니다.

**Guide** 1. 1000숫자판에서 아래로 한 칸 이동하면 100씩 커지고, 옆으로 한 칸 이동하면 10씩 커진다는 것을 알려주세요.
2. 스스로 하기의 1000숫자판과 말(바둑돌)을 활용하여 지도할 수 있습니다.

 **함께 하기** 마루처럼 풀면서 숫자판에 표시하여 아래 문제를 풀어 봅시다.

❶

| 10 | 20 | 30 | 40 | 50 | 60 | 70 | 80 | 90 | 100 |
|---|---|---|---|---|---|---|---|---|---|
| 110 | 120 | 130 | 140 | 150 | 160 | 170 | 180 | 190 | 200 |
| 210 | 220 | 230 | 240 | 250 | 260 | 270 | 280 | 290 | 300 |
| 310 | 320 | 330 | 340 | 350 | 360 | 370 | 380 | 390 | 400 |
| 410 | 420 | 430 | 440 | 450 | 460 | 470 | 480 | 490 | 500 |
| 510 | 520 | 530 | 540 | 550 | 560 | 570 | 580 | 590 | 600 |
| 610 | 620 | 630 | 640 | 650 | 660 | 670 | 680 | 690 | 700 |
| 710 | 720 | 730 | 740 | 750 | 760 | 770 | 780 | 790 | 800 |
| 810 | 820 | 830 | 840 | 850 | 860 | 870 | 880 | 890 | 900 |
| 910 | 920 | 930 | 940 | 950 | 960 | 970 | 980 | 990 | 1000 |

❷

| 10 | 20 | 30 | 40 | 50 | 60 | 70 | 80 | 90 | 100 |
|---|---|---|---|---|---|---|---|---|---|
| 110 | 120 | 130 | 140 | 150 | 160 | 170 | 180 | 190 | 200 |
| 210 | 220 | 230 | 240 | 250 | 260 | 270 | 280 | 290 | 300 |
| 310 | 320 | 330 | 340 | 350 | 360 | 370 | 380 | 390 | 400 |
| 410 | 420 | 430 | 440 | 450 | 460 | 470 | 480 | 490 | 500 |
| 510 | 520 | 530 | 540 | 550 | 560 | 570 | 580 | 590 | 600 |
| 610 | 620 | 630 | 640 | 650 | 660 | 670 | 680 | 690 | 700 |
| 710 | 720 | 730 | 740 | 750 | 760 | 770 | 780 | 790 | 800 |
| 810 | 820 | 830 | 840 | 850 | 860 | 870 | 880 | 890 | 900 |
| 910 | 920 | 930 | 940 | 950 | 960 | 970 | 980 | 990 | 1000 |

**450+340 =**

**230+570 =**

| | | | | | | | | | |
|---|---|---|---|---|---|---|---|---|---|
| 10 | 20 | 30 | 40 | 50 | 60 | 70 | 80 | 90 | 100 |
| 110 | 120 | 130 | 140 | 150 | 160 | 170 | 180 | 190 | 200 |
| 210 | 220 | 230 | 240 | 250 | 260 | 270 | 280 | 290 | 300 |
| 310 | 320 | 330 | 340 | 350 | 360 | 370 | 380 | 390 | 400 |
| 410 | 420 | 430 | 440 | 450 | 460 | 470 | 480 | 490 | 500 |
| 510 | 520 | 530 | 540 | 550 | 560 | 570 | 580 | 590 | 600 |
| 610 | 620 | 630 | 640 | 650 | 660 | 670 | 680 | 690 | 700 |
| 710 | 720 | 730 | 740 | 750 | 760 | 770 | 780 | 790 | 800 |
| 810 | 820 | 830 | 840 | 850 | 860 | 870 | 880 | 890 | 900 |
| 910 | 920 | 930 | 940 | 950 | 960 | 970 | 980 | 990 | 1000 |

❶ 170 + 220 =

❷ 270 + 410 =

❸ 330 + 590 =

❹ 150 + 580 =

❺ 450 + 370 =

❻ 480 + 460 =

❼ 570 + 290 =

❽ 680 + 190 =

**2) 수모형을 이용하여 100씩 10씩 더하기**    준비물 : 가리개, 수모형(부록카드71-110)

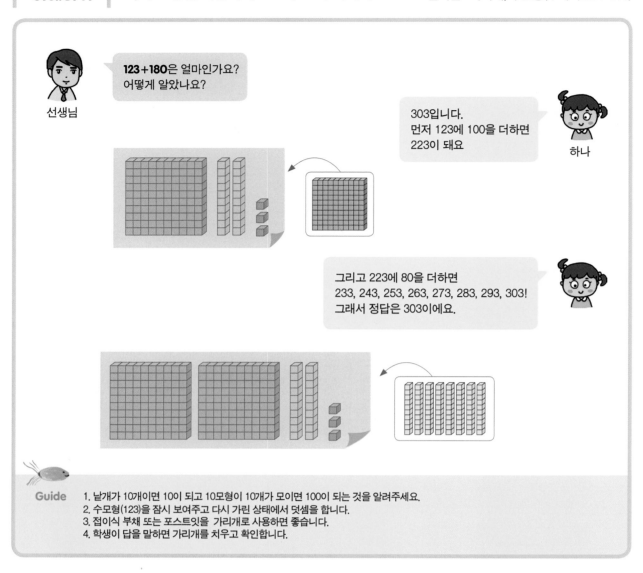

Guide    1. 낱개가 10개이면 10이 되고 10모형이 10개가 모이면 100이 되는 것을 알려주세요.
         2. 수모형(123)을 잠시 보여주고 다시 가린 상태에서 덧셈을 합니다.
         3. 접이식 부채 또는 포스트잇을 가리개로 사용하면 좋습니다.
         4. 학생이 답을 말하면 가리개를 치우고 확인합니다.

**함께 하기**    가리개와 수모형을 이용하여 아래 덧셈을 풀어 봅시다.

❶

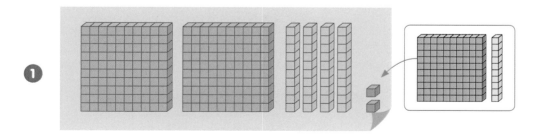

**242 + 110 =**

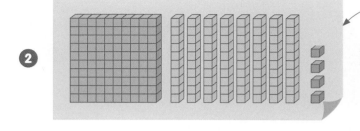

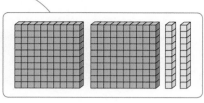

**2**

**184 + 220 =**

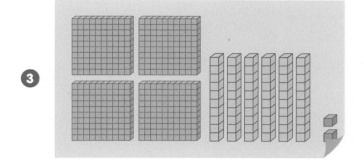

**3**

**+ 380 =**

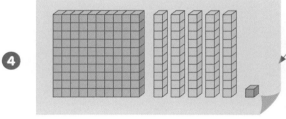

**4**

**151 + 260 =**

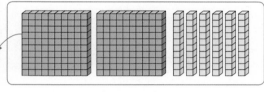

**5**

**+ 270 =**

---

**스스로 하기**  하나가 푼 것처럼 아래 덧셈을 풀어 보세요.

**1** **130 + 320 =**

**2** **240 + 160 =**

**3** **250 + 470 =**

**4** **560 + 390 =**

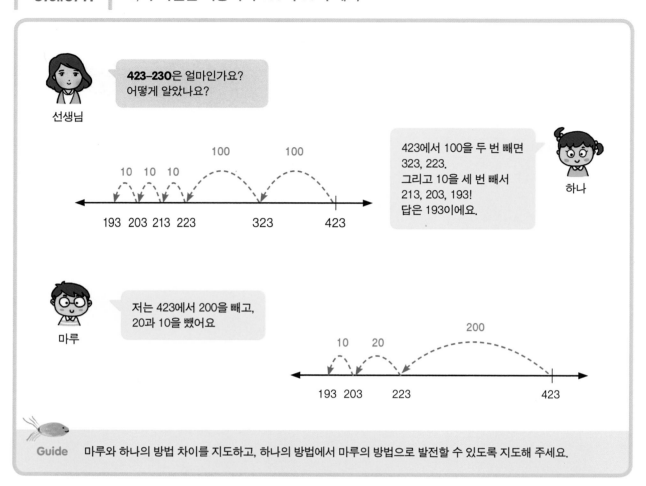

**선생님**

**423-230**은 얼마인가요?
어떻게 알았나요?

**하나**

423에서 100을 두 번 빼면
323, 223,
그리고 10을 세 번 빼서
213, 203, 193!
답은 193이에요.

**마루**

저는 423에서 200을 빼고,
20과 10을 뺐어요

**Guide**    마루와 하나의 방법 차이를 지도하고, 하나의 방법에서 마루의 방법으로 발전할 수 있도록 지도해 주세요.

**함께 하기**    하나 또는 마루가 푼 것처럼 아래 덧셈을 풀어 봅시다.

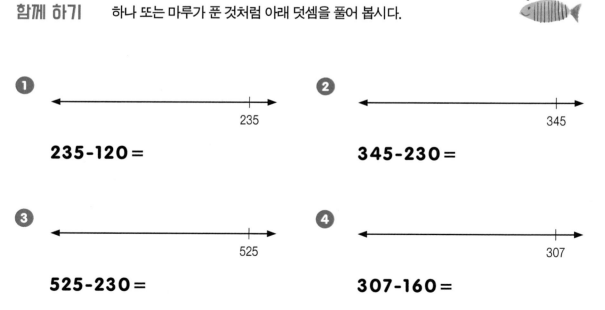

❶    235

**235-120 =**

❷    345

**345-230 =**

❸    525

**525-230 =**

❹    307

**307-160 =**

## 스스로 하기    하나 또는 마루가 푼 것처럼 아래 뺄셈을 풀어 보세요.

**1**

630

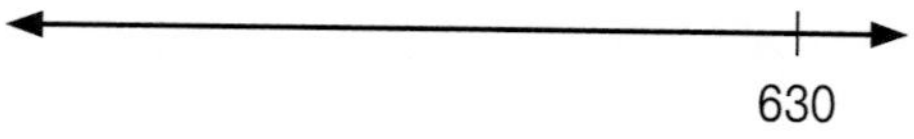

630-320=

**2**

340

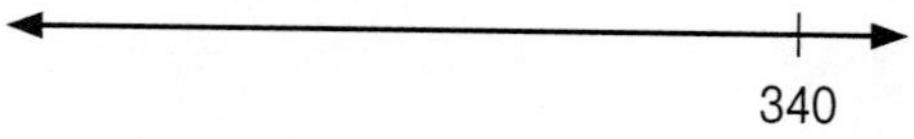

340-150=

**3**

317

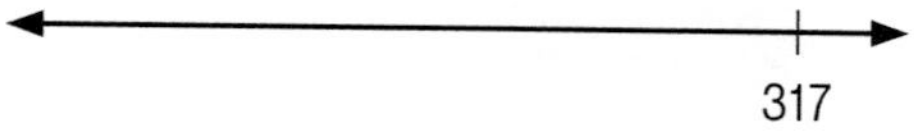

317-120=

**4**

423

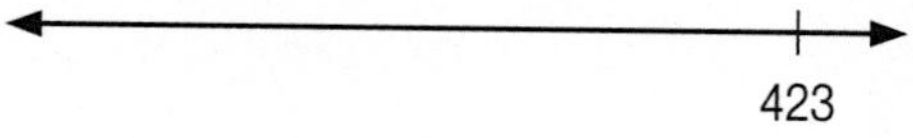

423-230=

**5**

835

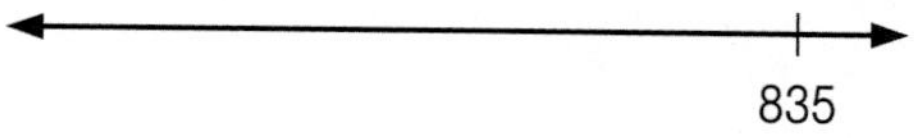

835-560=

**6**

760

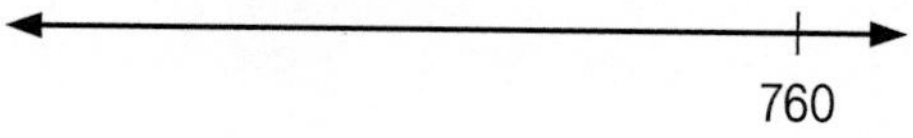

760-290=

**7**

307

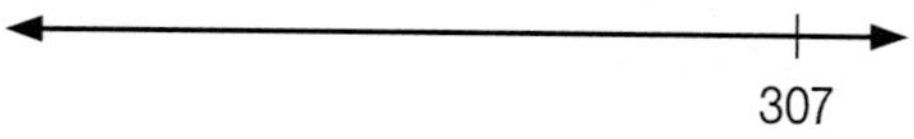

307-150=

**8**

509

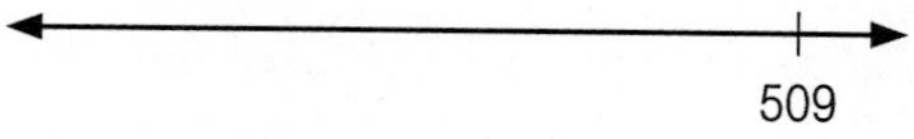

509-240=

## 이해하기    1) 수모형을 이용하여 1씩 더하기      준비물 : 가리개, 수모형(부록카드71-110)

선생님

**146+5**는 얼마인가요?
어떻게 알았나요?

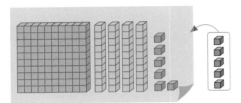

146에 1씩 5번 더해요.
그러면 147, 148, 149, 150, 151!
답은 151입니다.

하나

**Guide**
1. 수모형(146)을 잠시 보여주고 다시 가린 상태에서 덧셈을 합니다.
2. 접이식 부채 또는 포스트잇을 가리개로 사용하면 좋습니다.
3. 학생이 답을 말하면 가리개를 치우고 확인합니다.

## 함께 하기    수모형과 가리개를 사용하여 아래 덧셈을 풀어 봅시다.

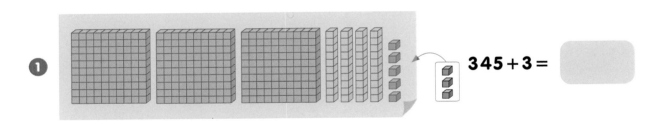

❶    **345 + 3 =**

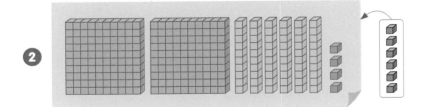

❷    **264 + 6 =**

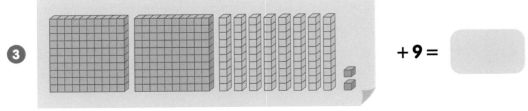

❸    **+ 9 =**

**④** 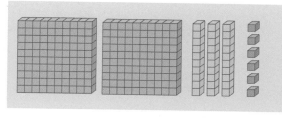 $236 + 3 =$

**⑤** 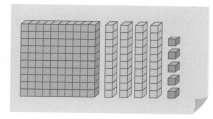 $+5 =$

**⑥** 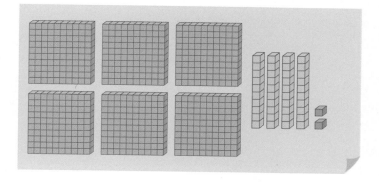 $+9 =$

**⑦** 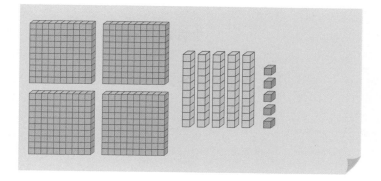 $+7 =$

**스스로 하기** 하나가 푼 것처럼 아래 덧셈을 풀어 보세요.

**①** $134 + 2 =$      **②** $235 + 3 =$

**③** $253 + 6 =$      **④** $452 + 8 =$

**⑤** $273 + 9 =$      **⑥** $384 + 7 =$

**⑦** $378 + 4 =$      **⑧** $285 + 8 =$

2) 수직선을 이용하여 1씩 빼기

선생님

600-3은 얼마인가요?
어떻게 알았나요?

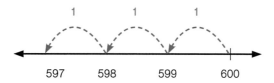

600에서 1을 세 번 뺐어요.
599, 598, 597!
답은 597이에요.

하나

Guide
1. N00형태의 수(몇 백)보다 1 작은 수를 찾는 연습을 먼저 합니다.
2. 수모형(부록카드71-110)을 활용하면 이해를 도울 수 있습니다.
3. 100모형은 10모형 10개로 이루어졌고, 10모형은 낱개 10개임을 확인시켜 주세요.

함께 하기    하나가 푼 것처럼 아래 뺄셈을 풀어 봅시다.

❶

206

206-5 =

❷

304

304-4 =

❸
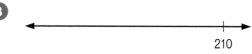
210

210-3 =

❹
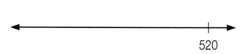
520

520-7 =

❺

700

700-5 =

❻

600

600-8 =

하나가 푼 것처럼 아래 뺄셈을 풀어 보세요.

**1**

534

**534-3 =**

**2**

251

**251-4 =**

**3**

530

**530-4 =**

**4**

240

**240-8 =**

**5**

700

**700-2 =**

**6**

600

**600-3 =**

**7**

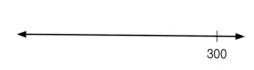

300

**300-4 =**

**8**

400

**400-7 =**

## E단계

### 세 자릿수 덧셈

# 1. 세 자릿수 덧셈 전략의 종류

이해하기

선생님

**395+239**는 얼마인가요?
어떻게 알았는지 친구들과 이야기해 봅시다.

## 1-1 차례로 점프

634입니다 ! 395에 100씩 두 개, 10씩 세 개,
그리고 1씩 아홉 개를 차례로 더해요.

보배

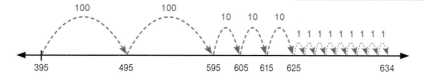

## 1-2 빠른 차례로 점프

634입니다! 395에 200과 30과 9를 차례로 더하는 것과 같아요.

두리

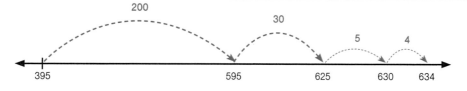

## 2 오바 점프

634입니다! 395에 239와 가장 가까우면서 계산하기 쉬운 수인
240만큼 점프합니다. 그리고 오바 점프한 1만큼 거꾸로 점프해요.

새나

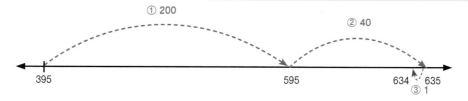

## 3 쉬운 수로 점프

계산을 쉽게 하려고 395에서 5만큼 점프합니다. 그러면 400이 돼요.
그리고 200만큼 점프하고, 앞에서 5를 점프했으니 나머지 34만큼만 점프해요.
답은 634입니다!

나래

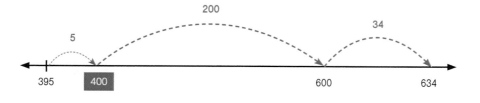

**④ 갈라서 점프(스플릿 점프)**

같은 자리끼리 더하기 위해 395를 300과 90과 5로, 239를 200과 30과 9로 갈라요. 300부터 시작해서 200만큼 점프하고 또 90과 30만큼 점프해요. 마지막으로 5와 9를 점프합니다. 답은 634입니다!

두리

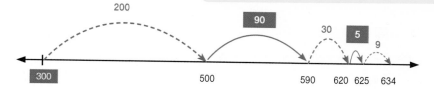

**⑤ 갈라서 더하기**

답은 634입니다! 395는 300과 90과 5로 가르고 239는 200과 30과 9로 가르면 돼요. 다음에 100의 자리끼리 10의 자리끼리, 1의 자리끼리 더해요.

토리

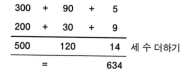

|   | 3 | 9 | 5 |
|---|---|---|---|
| + | 2 | 3 | 9 |
|   |   |   |   |

가르기 ⇒

```
300  +  90  +  5
200  +  30  +  9
─────────────────
500    120    14   세 수 더하기
    =         634
```

**⑥ 더하고 빼기**

395에 5를 더해서 400으로 만들고, 239에 1을 더해서 240으로 바꾸어 계산하면 쉬워요. 바꾼 두 수(400과 240)를 더하면 640입니다. 그리고 640에서 다시 5와 1만큼 빼줘요. 그럼 634예요.

하람

**⑦ 주고 받기**

저는 하람이처럼 395에 5를 더해서 400으로 만들었어요. 그리고 395에 5를 더했으니 239에서는 5를 빼면 234가 됩니다. 따라서 400 더하기 234는 634입니다.

보배

---

**궁금해요**

난 두리의 방법이 이해가 되지 않아. 625에 9를 더할 때 어떻게 630...634가 되는 거야?

보배

보배야! 네가 1씩 9번 더하는 것과 내가 5와 4를 더한 것은 같아. 나는 625에 5를 더해서 630을 먼저 만들고 계산하는 것이 더 쉬워.

두리

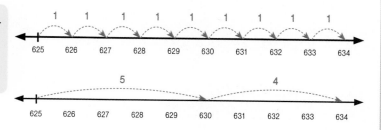

보배야! 395를 400으로 바꾸면서 5를 더했으니 239에도 똑같이 5를 더해야 하지 않을까?

새나

새나의 의견에 찬성하나요? 반대하나요?

# 2. 덧셈 전략 : 차례로 점프

**이해하기** 　1) 수모형을 이용하여 100씩 더하기　　준비물 : 가리개, 수모형(부록카드 71-110)

선생님

**395+239**는 얼마입니까?
어떻게 알았나요?

저는 239를 200과 30 그리고
9로 나누어 차례로 더했어요.
395에 먼저 200을 더하면
595가 되어요.

보배

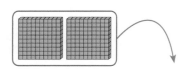

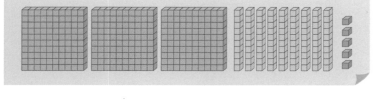

다음으로 595에
다시 30을 더하니
605, 615, 625!
625가 됩니다.

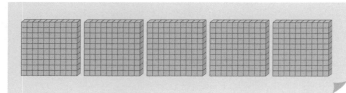

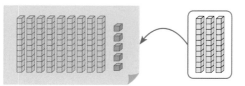

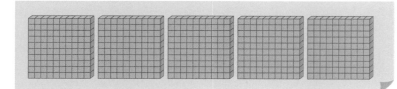

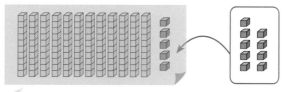

마지막으로 625에
9를 더하면
634가 되어요!

**Guide**　1. 395는 1000| 3개, 10이 9개, 1이 5개로 이루어졌고, 239는 1000| 2개, 10이 3개, 1이 9개로 이루어졌음을 지도해주세요.
　　　　2. 낱개가 10개 있으면 10이 되고, 10모형 10개가 모이면 100이 되는 것을 수모형을 이용하여 지도할 수 있습니다.
　　　　3. 수모형(395)을 잠시 보여주고 다시 가린 상태에서 차례로 더합니다.
　　　　4. 포스트잇을 가리개로 활용할 수 있습니다.(실제 수모형을 이용하면 접이식 부채를 가리개로 사용하면 좋습니다.)
　　　　5. 학생이 답을 말하면 가리개를 치우고 확인합니다.

**함께 하기**　가리개와 수모형을 이용하여 아래 덧셈을 풀어 봅시다.

**①** **277＋325＝**

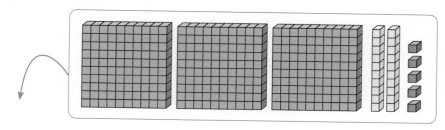

**②** **386＋378＝**

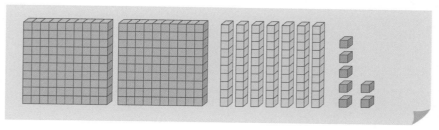

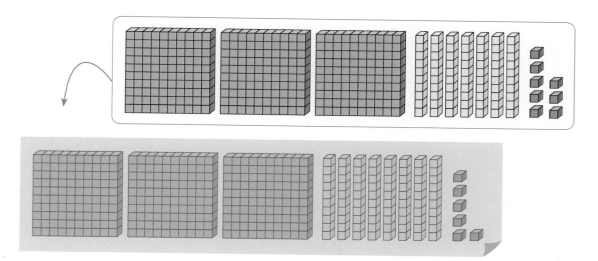

**스스로 하기**　보배가 푼 것처럼 아래 덧셈을 풀어 보세요

**①** **132＋324＝**　　　　**②** **238＋411＝**

**③** **256＋534＝**　　　　**④** **327＋154＝**

**⑤** **547＋379＝**　　　　**⑥** **658＋175＝**

❶　123 ＋  ＝ 　

❷　462 ＋ 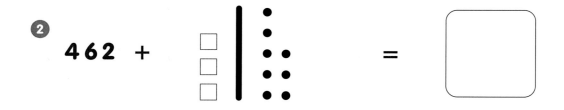 ＝ 　

❸　303 ＋ ＝ 　

❹　478 ＋ ＝ 　

❺　564 ＋ ＝

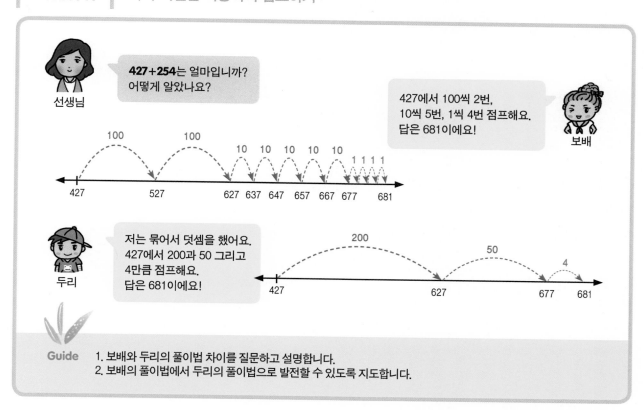

선생님

**427+254**는 얼마입니까?
어떻게 알았나요?

427에서 100씩 2번,
10씩 5번, 1씩 4번 점프해요.
답은 681이에요!

보배

두리

저는 묶어서 덧셈을 했어요.
427에서 200과 50 그리고
4만큼 점프해요.
답은 681이에요!

Guide
1. 보배와 두리의 풀이법 차이를 질문하고 설명합니다.
2. 보배의 풀이법에서 두리의 풀이법으로 발전할 수 있도록 지도합니다.

함께 하기    보배의 방법과 두리의 방법을 사용하여 수직선에 표시해 봅시다.

① **259+325 =**

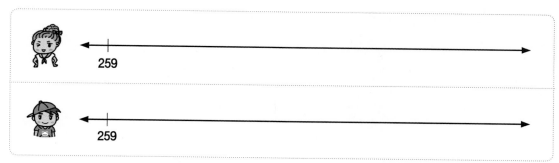

② **478+254 =**

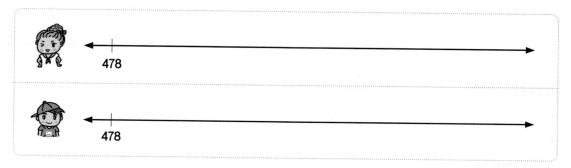

① **235＋543＝**

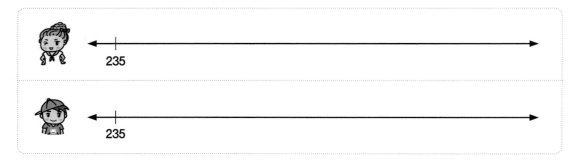

② **135＋429＝**

③ **348＋465＝**

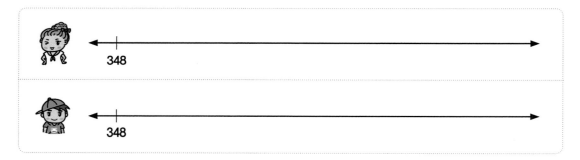

④ **476＋236＝**

## 이해하기

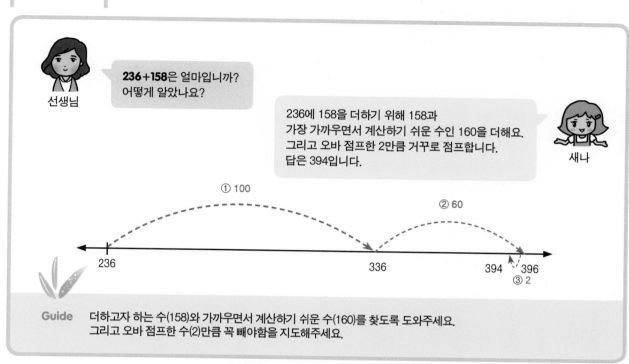

236+158은 얼마입니까?
어떻게 알았나요?

선생님

236에 158을 더하기 위해 158과
가장 가까우면서 계산하기 쉬운 수인 160을 더해요.
그리고 오바 점프한 2만큼 거꾸로 점프합니다.
답은 394입니다.

새나

① 100
② 60

236   336   394   396
③ 2

**Guide** 더하고자 하는 수(158)와 가까우면서 계산하기 쉬운 수(160)를 찾도록 도와주세요.
그리고 오바 점프한 수(2)만큼 꼭 빼야함을 지도해주세요.

## 함께 하기   새나의 방법을 사용하여 수직선에 표시해 봅시다.

❶ **343 + 438 =**

343

❷ **407 + 237 =**

407

❸ **258 + 456 =**

258

**스스로 하기**　새나가 푼 것처럼 아래 덧셈을 풀어 보세요.

❶　413 + 359 =

413

❷　554 + 298 =

554

❸　758 + 199 =

758

❹　473 + 457 =

473

❺　358 + 488 =

358

# 4. 덧셈 전략: 쉬운 수로 점프

## 이해하기

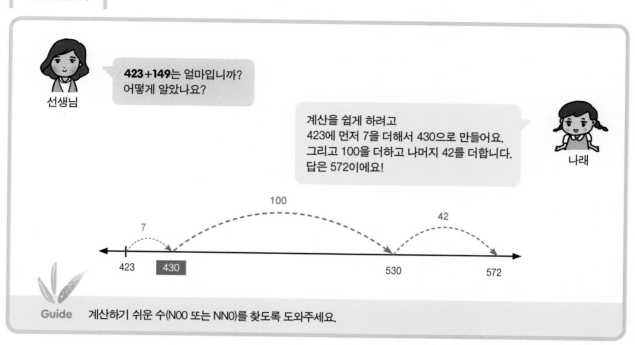

선생님: **423+149**는 얼마입니까? 어떻게 알았나요?

나래: 계산을 쉽게 하려고
423에 먼저 7을 더해서 430으로 만들어요.
그리고 100을 더하고 나머지 42를 더합니다.
답은 572이에요!

**Guide** 계산하기 쉬운 수(N00 또는 NN0)를 찾도록 도와주세요.

## 함께 하기    나래가 푼 것처럼 아래 덧셈을 풀어 봅시다.

① **238 + 435 =**

238

② **507 + 428 =**

507

③ **356 + 467 =**

356

❶　**357 + 414 =**

357

❷　**407 + 183 =**

407

❸　**612 + 159 =**

612

❹　**562 + 389 =**

562

❺　**267 + 385 =**

267

**이해하기**

**574+139**는 얼마입니까?
어떻게 알았나요?

선생님

같은 자리끼리 더하기 위해 574를 500과 70과 4로,
139를 100과 30과 9로 갈라요. 같은 자리수끼리
더할 거에요. 500부터 시작해서 100을 더하고,
70과 30을 더하고 마지막으로 4와 9를 더해요.
답은 713입니다!

두리

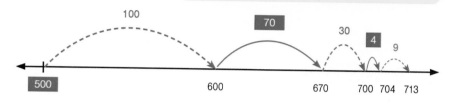

**Guide**
1. 수모형(부록카드 71-110)을 이용하여 574는 500과 70과 4로 가를 수 있고, 139는 100과 30과 9로 가를 수 있음을
   지도해 주세요.
2. 수직선에서 시작점은 N00(500)임을 알려주세요.

**함께 하기**    두리처럼 아래 덧셈을 풀어 봅시다.

❶    **257 + 426 =**

200

❷    **309 + 256 =**

300

❸    **564 + 259 =**

**①** **512＋364＝**

500

**②** **455＋137＝**

400

**③** **649＋188＝**

600

**④** **367＋586＝**

**⑤** **248＋379＝**

# 6. 덧셈 전략 : 부분합

## 이해하기

선생님

**395+239**는 얼마입니까?
어떻게 알았나요?

새나

634입니다!
저는 학교에서 배운 방식보다
앞에서부터 100의 자리,
10의 자리, 1의 자리의 수를
각각 더하면서 푸는 방식이
실수도 안 하게 되고 더 편해요.
왼쪽처럼 100의 자리부터
더하면서 풀기도 하고
오른쪽처럼 1의 자리부터
더하면서 풀기도 해요.

|   | 3 | 9 | 5 |
|---|---|---|---|
| + | 2 | 3 | 9 |
|   | 5 | 0 | 0 |
|   | 1 | 2 | 0 |
| + |   | 1 | 4 |
|   | **6** | **3** | **4** |

100의 자리부터

|   | 3 | 9 | 5 |
|---|---|---|---|
| + | 2 | 3 | 9 |
|   |   | 1 | 4 |
|   | 1 | 2 | 0 |
| + | 5 | 0 | 0 |
|   | **6** | **3** | **4** |

1의 자리부터

## 합께 하기    새나처럼 아래 덧셈을 풀어 봅시다.

① **534+369=**

|   | 5 | 3 | 4 |
|---|---|---|---|
| + | 3 | 6 | 9 |
|   | 8 | 0 | 0 |
|   |   | 9 | 0 |
| + |   |   |   |
|   |   |   |   |

100의 자리부터

|   | 5 | 3 | 4 |
|---|---|---|---|
| + | 3 | 6 | 9 |
|   |   | 1 | 3 |
|   |   | 9 | 0 |
| + |   |   |   |
|   |   |   |   |

1의 자리부터

② **228+456=**

|   | 2 | 2 | 8 |
|---|---|---|---|
| + | 4 | 5 | 6 |
|   |   |   |   |
|   |   |   |   |
| + |   |   |   |
|   |   |   |   |

100의 자리부터

|   | 2 | 2 | 8 |
|---|---|---|---|
| + | 4 | 5 | 6 |
|   |   |   |   |
|   |   |   |   |
| + |   |   |   |
|   |   |   |   |

1의 자리부터

**①** **468+279=**

| | 4 | 6 | 8 |
|---|---|---|---|
| + | 2 | 7 | 9 |
| | | | |
| | | | |
| + | | | |
| | | | |

100의 자리부터

| | 4 | 6 | 8 |
|---|---|---|---|
| + | 2 | 7 | 9 |
| | | | |
| | | | |
| + | | | |
| | | | |

1의 자리부터

**②** **289+653=**

| | 2 | 8 | 9 |
|---|---|---|---|
| + | 6 | 5 | 3 |
| | | | |
| | | | |
| + | | | |
| | | | |

100의 자리부터

| | 2 | 8 | 9 |
|---|---|---|---|
| + | 6 | 5 | 3 |
| | | | |
| | | | |
| + | | | |
| | | | |

1의 자리부터

**③** **736+195=**

| | 7 | 3 | 6 |
|---|---|---|---|
| + | 1 | 9 | 5 |
| | | | |
| | | | |
| + | | | |
| | | | |

100의 자리부터

| | 7 | 3 | 6 |
|---|---|---|---|
| + | 1 | 9 | 5 |
| | | | |
| | | | |
| + | | | |
| | | | |

1의 자리부터

**④** **547+395=**

| | 5 | 4 | 7 |
|---|---|---|---|
| + | 3 | 9 | 5 |
| | | | |
| | | | |
| + | | | |
| | | | |

100의 자리부터

| | 5 | 4 | 7 |
|---|---|---|---|
| + | 3 | 9 | 5 |
| | | | |
| | | | |
| + | | | |
| | | | |

1의 자리부터

# 7. 덧셈 전략 : 갈라서 더하기

## 이해하기

선생님

**573+238**는 얼마입니까?
어떻게 알았나요?

| | 5 | 7 | 3 |
|---|---|---|---|
| + | 2 | 3 | 8 |

가르기
⇒

| 500 | + | 70 | + | 3 |
|---|---|---|---|---|
| 200 | + | 30 | + | 8 |
| 700 | | 100 | | 11 |

세 수 더하기

= 811

811입니다!
100의 자리, 10의 자리,
1의 자리를 갈라서 풀어요.
573은 500과 70과 3으로,
238은 200과 30과 8로
갈라서 더했어요.

토리

**Guide** 각각의 수를 100의 자리, 10의 자리, 1의 자리로 가를 수 있도록 지도합니다.
학생이 가르기를 어려워할 경우, 수모형(부록카드 71-110)을 활용하면 도움이 됩니다.

## 함께 하기

토리처럼 아래 덧셈을 풀어 봅시다.

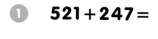

❶ **521+247=**

| | 5 | 2 | 1 |
|---|---|---|---|
| + | 2 | 4 | 7 |
| | | | |

가르기
⇒

| 500 | + | 20 | + | 1 |
|---|---|---|---|---|
| 200 | + | 40 | + | |
| 700 | | 60 | | 8 |

세 수 더하기

=

❷ **258+314=**

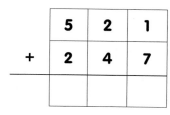

| | 2 | 5 | 8 |
|---|---|---|---|
| + | 3 | 1 | 4 |
| | | | |

가르기
⇒

| | + | 50 | + | 8 |
|---|---|---|---|---|
| 300 | + | 10 | + | |
| | | 60 | | 12 |

세 수 더하기

=

**③** **173＋319＝**

| | | | |
|---|---|---|---|
| | 1 | 7 | 3 |
| ＋ | 3 | 1 | 9 |
| | | | |

가르기
⇒

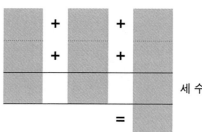

100　＋　70　＋

300　＋　10　＋

400　　　80　　　12　　세 수 더하기

＝

**④** **648＋237＝**

| | | | |
|---|---|---|---|
| | 6 | 4 | 8 |
| ＋ | 2 | 3 | 7 |
| | | | |

가르기
⇒

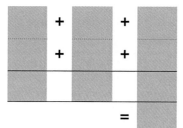

세 수 더하기

**⑤** **778＋195＝**

| | | | |
|---|---|---|---|
| | 7 | 7 | 8 |
| ＋ | 1 | 9 | 5 |
| | | | |

가르기
⇒

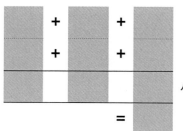

세 수 더하기

**⑥** **458＋369＝**

| | | | |
|---|---|---|---|
| | 4 | 5 | 8 |
| ＋ | 3 | 6 | 9 |
| | | | |

가르기
⇒

세 수 더하기

**⑦** **584＋369＝**

| | | | |
|---|---|---|---|
| | 5 | 8 | 4 |
| ＋ | 3 | 6 | 9 |
| | | | |

가르기
⇒

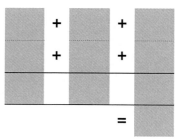

세 수 더하기

## 스스로 하기   토리처럼 아래 덧셈을 풀어 보세요.

**1**   **328+511=**

| | 3 | 2 | 8 |
|---|---|---|---|
| + | 5 | 1 | 1 |
| | | | |

가르기 ⇒

| 300 | + | 20 | + | |
|---|---|---|---|---|
| | | + | 10 | + |
| | | | 30 | |

세 수 더하기

=

**2**   **237+358=**

| | 2 | 3 | 7 |
|---|---|---|---|
| + | 3 | 5 | 8 |
| | | | |

가르기 ⇒

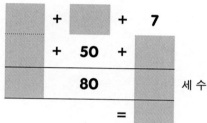

세 수 더하기

=

**3**   **569+178=**

| | 5 | 6 | 9 |
|---|---|---|---|
| + | 1 | 7 | 8 |
| | | | |

가르기 ⇒

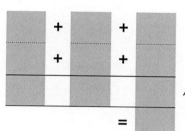

세 수 더하기

=

**4**   **458+269=**

| | 4 | 5 | 8 |
|---|---|---|---|
| + | 2 | 6 | 9 |
| | | | |

가르기 ⇒

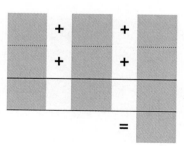

세 수 더하기

=

**5**   **618+195=**

| | 6 | 1 | 8 |
|---|---|---|---|
| + | 1 | 9 | 5 |
| | | | |

가르기 ⇒

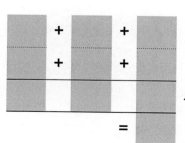

세 수 더하기

=

**8. 덧셈 전략 : 더하고 빼기**

**이해하기** 1) 두 덧셈식을 비교하여 더하고 빼기

 선생님
두 덧셈식을 비교해 보세요.
어느 것이 더 작은가요?

$495+139$   $495+140$

앞의 수는 495로 같아요.
그런데 뒤의 수를 보면 왼쪽 덧셈식이 1 작아요.
따라서 왼쪽 덧셈식이 오른쪽 덧셈식보다 1 작습니다.

 하람

**Guide** 두 덧셈을 비교하도록 생각할 시간을 충분히 주세요. 앞에서 공부한 〈덧셈 전략 3. 오바 점프〉와 비교하며 지도해도 좋습니다.

**함께 하기** 하람이처럼 왼쪽의 두 덧셈의 크기를 비교하고, (　)에 알맞은 수를 써 봅시다.

| | | |
|---|---|---|
| $(328+198)$ | $(328+200)$ | $328+198=328+200-($　$)$ |
| $(437+299)$ | $(437+300)$ | $437+299=437+300-($　$)$ |
| $(255+197)$ | $(255+200)$ | $255+197=255+200-($　$)$ |
| $(601+397)$ | $(601+400)$ | $601+397=601+400-($　$)$ |

**스스로 하기** 하람이처럼 왼쪽의 두 덧셈의 크기를 비교하고, (　)에 알맞은 수를 써 보세요.

| | | |
|---|---|---|
| $(927+298)$ | $(927+300)$ | $927+298=927+300-($　$)$ |
| $(619+308)$ | $(619+310)$ | $619+308=619+310-($　$)$ |
| $(599+397)$ | $(599+400)$ | $599+397=599+400-($　$)$ |
| $(705+187)$ | $(705+190)$ | $705+187=705+190-($　$)$ |

**2) 계산하기 쉬운 수로 바꾸어 더하고 빼기**

선생님

**396+238**은 얼마입니까?
어떻게 알았나요?

634입니다!
396에 4를 더해서 400으로 만들고 238에 2를 더하여 240으로 만들어요.
그래서 400+240을 계산한 다음 나중에 4를 빼고 2를 빼주면 더 쉬워요.
따라서 396+238=400+240-4-2입니다.

하람

**Guide** 계산하기 쉽도록 두 수에 얼마를 더하여 N00 또는 NN0 형태의 수로 만들고, 더한 만큼 다시 빼도록 지도합니다.

**함께 하기** 오른쪽 덧셈 문제는 왼쪽 문제를 더 쉽게 만든 것입니다. 답이 같은 것끼리 이어 봅시다.

| 328+198 |
| 437+199 |
| 255+197 |

| (260+200)-5-3 |
| (330+200)-2-2 |
| (440+200)-3-1 |

| 318+196 |
| 437+199 |
| 255+197 |

| (260+200)-5-3 |
| (320+200)-2-4 |
| (440+200)-3-1 |

**스스로 하기** 답이 같은 것끼리 이어 보세요.

| 496+397 |
| 527+298 |
| 555+189 |

| (500+400)-4-3 |
| (560+190)-5-1 |
| (530+300)-3-2 |

| 448+309 |
| 819+308 |
| 599+397 |

| (820+310)-1-2 |
| (450+310)-2-1 |
| (600+400)-1-3 |

# 9. 덧셈 전략 : 주고 받기

## 이해하기

선생님

**295+139**는 얼마입니까?
어떻게 알았나요?

앞의 수 295에 5를 더해서 300으로 만들어요.
그리고 뒤의 수 139에서는 다시 5를 빼서 134를 만들어 풀어도 답은 같아요.
그러니까 295+139=300+134라고 할 수 있어요. 그래서 답은 434입니다.

보배

**Guide**   1. 계산하기 쉽도록 얼마큼(5) 더하면 좋을지 지도합니다.
2. 앞의 수(295)에서는 5를 더하고, 뒤의 수(139)에서 5를 빼서 계산합니다.
그 이유(두 수의 주고 받는 과정)를 설명할 때 수모형(부록카드 71- 110)을 활용하면 도움이 됩니다.

## 함께 하기    오른쪽 덧셈 문제는 왼쪽 문제를 더 쉽게 만든 것 입니다. 답이 같은 것끼리 이어봅시다.

**❶**

| 128+299 • | • 540+200 |
|---|---|
| 337+199 • | • 336+200 |
| 550+190 • | • 127+300 |

**❷**

| 599+201 • | • 273+200 |
|---|---|
| 275+198 • | • 560+220 |
| 562+218 • | • 600+200 |

## 스스로 하기    답이 같은 것끼리 이어보세요.

**❶**

| 451+309 • | • 506+390 |
|---|---|
| 507+389 • | • 450+310 |
| 673+299 • | • 672+300 |

**❷**

| 398+177 • | • 700+118 |
|---|---|
| 509+203 • | • 510+202 |
| 699+119 • | • 400+175 |

## 전략 소개

선생님

**731-125**는 얼마입니까? 어떻게 알았나요?

**1-1** 세어 올라가기-차례로 점프

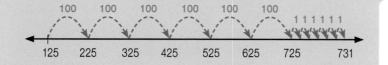

125에 100을 6번 더해서 725, 1을 6번 더하면 731이에요. 따라서 답은 606이에요!

보배

**1-2** 세어 올라가기-빠른 차례로 점프

두리

125에 먼저 600을 더해서 725, 6을 더하면 731이 돼요. 따라서 답은 606이에요!

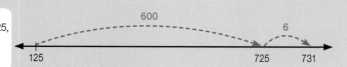

**2** 세어 올라가기-오바 점프

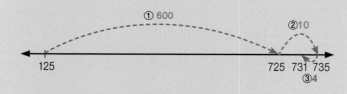

① 600을 더해서 725,
② 10을 더해 735가 되어요.
③ 735에서 731이 되도록 하기 위하여 4만큼 거꾸로 점프해요. 그럼, 600+10-4=606! 답은 606입니다.

새나

**3** 세어 올라가기-쉬운 수로 점프

나래

125에서 계산하기 쉽도록 5만큼 점프해요. 이어서 600을 점프하고, 1을 점프해요. 그럼, 5+600+1=606! 답은 606입니다.

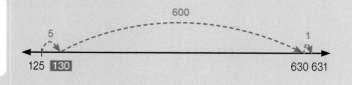

**4-1** 거꾸로 점프-차례로 점프

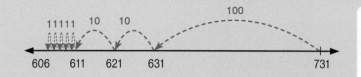

606이에요!
731에서 125를 빼기 위해
일단 100만큼
거꾸로 점프해요.
그리고 10씩 두 번, 1씩 5번
거꾸로 점프합니다.

보배

**4-2** 거꾸로 점프-빠른 차례로 점프

두리

답은 606이에요!
731에서 125를 빼기 위해
일단 100만큼 거꾸로 점프합니다.
그리고 20만큼 거꾸로 점프하고,
5만큼 거꾸로 점프했어요.

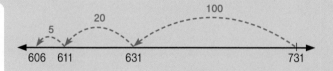

**5** 거꾸로 점프-오바 점프

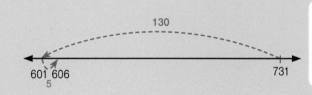

731에서 130만큼 거꾸로 점프합니다.
그러면 601이 돼요. 거꾸로 점프한
130은 125보다 5만큼 거꾸로 오바 점프
했으니까, 601에서 다시 5만큼
앞으로 점프하면 606이 됩니다!

새나

**6** 거꾸로 점프-쉬운 수로 점프

나래

731에서 125를 빼기 위해
① 731과 가까우면서 계산하기 쉬운 수인 730까지 거꾸로 1만큼 점프해요.
② 730에서 100만큼 거꾸로 점프하면 630이에요.
③ 20만큼 거꾸로 점프하면 610이 됩니다.
④ 5만큼 거꾸로 점프해야 하는데 먼저 1만큼 거꾸로 점프했으므로 4만큼 거꾸로 점프했어요.
   그래서 답은 606입니다!

**❼ 거꾸로 점프-일의 자리가 같도록 점프**

보배

731에서 125를 빼기 위해
① 일의 자리가 같아지도록(735) 앞으로 4만큼 점프해요.
② 735에서 먼저 100만큼 거꾸로 점프하면 635가 돼요.
③ 이어서 20만큼 거꾸로 점프합니다. 그러면 615가 돼요.
④ 마지막으로 5만큼 거꾸로 가야 하는데 앞서 4만큼 앞으로
   점프했으므로 이번에는 9만큼 거꾸로 점프해야 합니다.
   그래서 답은 606이에요!

**❽ 거꾸로 점프-갈라서 점프**

731에서 125를 빼기 위해 731을 700과 30과 1로 가르고 125는 100과 20과
5로 가릅니다. 같은 자리끼리 생각하여 점프를 합니다.
① 700에서 100만큼 거꾸로 점프하면 600이 돼요.
② 600에서 30만큼 앞으로 20만큼 거꾸로 점프를 해요.
   결국 600에서 10만큼 앞으로 점프하는 셈이 됩니다. 그럼 610이 됩니다.
③ 이제 일의 자리를 계산할 순서입니다. 1만큼 앞으로
   그리고 5만큼 거꾸로 가야 하므로 거꾸로 4만 가면 됩니다.
   610에서 거꾸로 4만큼 점프하면 606이 됩니다.
   답은 606입니다!

두리

**❾ 부분차**

하람

606입니다!
100의 자리, 10의 자리,
1의 자리의 수를 각각
빼면서 풀어요.

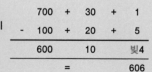

| | 7 | 3 | 1 |
|---|---|---|---|
| - | 1 | 2 | 5 |

가르기
⇒

| | 700 | + | 30 | + | 1 |
|---|---|---|---|---|---|
| - | 100 | + | 20 | + | 5 |
| | 600 | | 10 | | 빚4 |
| | | = | | | 606 |

빼기
600에서 10을
더하고 4를 빼면

**❿ 갈라서 빼기**

| | 700 | 20 | 11 |
|---|---|---|---|
| - | 100 | 20 | 5 |
| | 600 | 0 | 6 |

606입니다!
100의 자리, 10의 자리, 1의 자리를 갈라서
푸는 것이 쉬워요.
단, 앞의 수는 빼려는 수보다 크도록 갈라서 풀어요.

토리

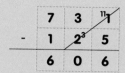

## ⑪ 오스트리아 방법

| | 7 | 3 | ¹¹⁄1 |
|---|---|---|---|
| − | 1 | 2³ | 5 |
| | 6 | 0 | 6 |

| 700 | − | 100 | = | 600 |
|---|---|---|---|---|
| 30 | − | 30 | = | 0 |
| 11 | − | 5 | = | 6 |

731−125는 606이에요!
뺄셈을 할 때 학교에서 배운 것처럼
앞의 수에서 받아 내리지 않고
빼는 수에 그 수만큼 더하면서
받아 내려요.
731에서 125를 뺄 때,
빼려는 수 5가 1보다 크므로
1에 10개의 1을 더해주고
아래의 20에 1개의 10을
더해주어서 뺄셈을 해요.

새나

## ⑫ 빼고 더하기

하람

731−125는 606이에요!
125에 5를 더해서 130으로 만들어요.
731−130의 답을 구한 다음 5를 더하면 쉽게 풀 수 있어요.
그러니까 731−125=731−130+5로 풀어요.

## ⑬ 같은 변화

731에 5를 더해서 736,
125에도 5를 더해서 130으로 만들면
736−130이 되어서 쉽게 풀 수 있어요.
답은 606이에요!

보배

125  130          731  736

---

궁금해요

새나

저는 토리에게 질문이 있어요.
731을 왜 700과 30과 1로 가르지 않고,
700과 20과 11로 갈라야 하는지 모르겠어요.

선생님

더 궁금한 것은 없나요?

731−125 뺄셈을 갈라서 풀려고 하는데,
일의 자리를 보면 1에서 5를 뺄 수 없기 때문이야.
하람이의 방법대로 731을 700과 30과 1로 가르고,
뺄 수 없는 것은 빚으로 생각해서 풀 수도 있어.

토리

## 2. 뺄셈 전략 : 세어 올라가기

### 2-1. 차례로 점프

## 이해하기

선생님

**411-178**은 얼마입니까?
어떻게 알았나요?

178에 얼마를 더하면 411이 되는지 알아보는 것과
같으니까 178에
① 100을 두 번 더하면 378이 되어요.
② 10을 세 번 더하면 408이 됩니다.
③ 이제 411이 되려면 1을 세 번 더합니다.
    정리하면, 200+30+3=233! 답은 233입니다!

보배

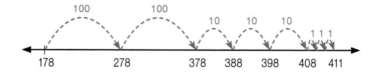

두리

178에 얼마를 더하면 411이 되는지 알아보는
것과 같으니까 178에 200과 30과 3을 더하면
411이 돼요. 따라서 답은 233입니다!

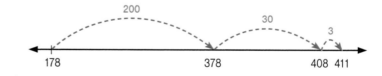

**Guide**   1. 보배와 두리의 풀이법을 비교하여 설명해주세요.
2. 감수(178)에서 얼마를 더해야 피감수(411)와 가까운지 수모형(부록카드 71-110)을 활용하여 지도할 수 있습니다.

## 함께 하기   보배와 두리의 방법으로 풀면서 수직선에 표시해 봅시다.

❶ **725-337 =**

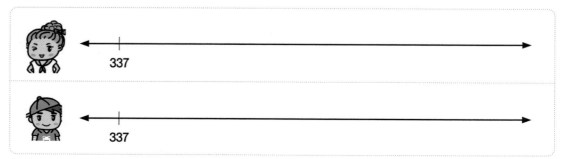

스스로 하기  보배와 두리의 방법으로 풀면서 수직선에 표시해 보세요.

**1**  **358-139 =**

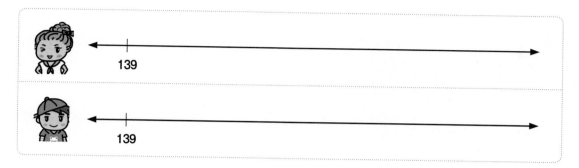

**2**  **625-138 =**

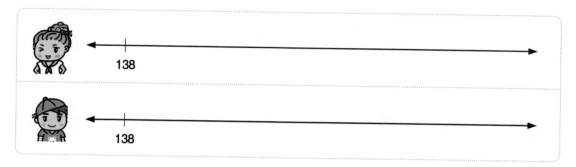

**3**  **612-379 =**

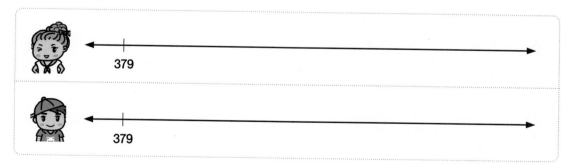

**4**  **572-294 =**

## 2. 뺄셈 전략 : 세어 올라가기
### 2-2. 오바 점프

 이해하기

 선생님

**534-386**은 얼마입니까?
어떻게 알았나요?

386에 얼마를 더하면 534가 되는지 알아보는 것과
같으니까 386에서
① 100만큼 점프하면 486!
② 다시 50만큼 점프하면 536이 돼요.
③ 이제 534가 되도록 하기 위하여 다시 2만큼 거꾸로
점프합니다. 그럼, 100+50-2=148! 답은 148이에요.

새나

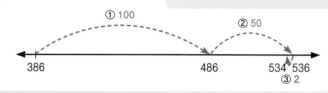

**Guide** 386에서 몇 백 몇 십을 더하면 534와 가까워지는지 단계적으로 질문합니다.
학생의 이해를 돕기 위하여 수모형(부록카드 71-110)을 활용할 수 있습니다.

**함께 하기** 새나의 방법으로 풀면서 수직선에 표시해 봅시다.

**①** **532-316 =**

**②** **412-185 =**

**①**　**392-134 =**

134

**②**　**655-138 =**

138

**③**　**713-347 =**

347

**④**　**723-455 =**

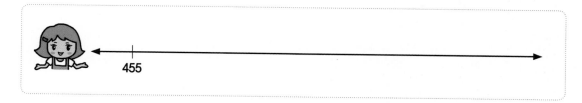

455

## 2. 뺄셈 전략 : 세어 올라가기

### 2-3. 쉬운 수로 점프

 이해하기

선생님

**532-227**은 얼마입니까?
어떻게 알았나요?

나래

227에 얼마를 더하면 532가 되는지 알아보는 것
과 같으니까
① 227에서 계산하기 쉽도록 3만큼 점프하면
   230이에요.
② 230에서 300을 점프하면 530이 돼요.
③ 532가 되려면 다시 2를 점프해요.
   정리하면, 3+300+2=305, 답은 305입니다.

**Guide**  감수(227)보다 크면서 가까운 NNO형태의 수를 (230) 찾고, 수직선에 표시하는 연습을 할 수 있도록 도와주세요.

**함께 하기**  나래의 방법으로 풀면서 수직선에 표시해 봅시다.

❶  **731-328 =**

❷  **613-186 =**

**①** **544-329 =**

329

**②** **632-226 =**

226

**③** **711-417 =**

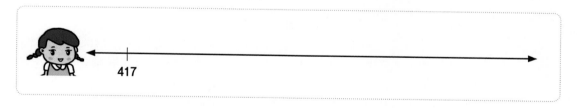

417

**④** **867-589 =**

589

### 3-1. 차례로 점프

**이해하기**  1) 수모형을 이용하여 점프하기

준비물: 가리개, 수모형(부록71~110)

선생님

**731-125**는 얼마입니까?
어떻게 알았나요?

저는 125를 100과 20과 5로 나누어
차례로 뺐어요. 731에서 먼저 100을
빼면 631이 되어요.

보배

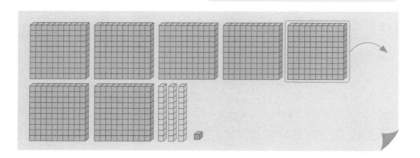

다음으로 631에서 다시 20을 빼니
621, 611! 611이 되었어요.

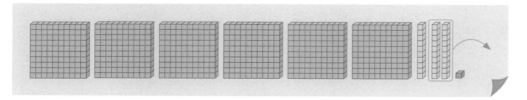

마지막으로 611에서 5를 빼면 606이 되어요!
이 때, 10모형을 낱개로 바꿔주면 빼기가 쉬워요.
따라서 731에서 125를 빼면 606이 됩니다.

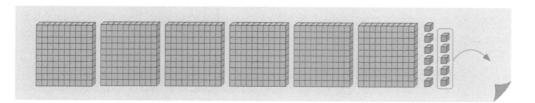

**Guide**  1. 395는 100이 3개, 10이 9개, 1이 5개로 이루어졌고, 239는 100이 2개, 10이 3개, 1이 9개로 이루어졌음을 지도합니다.
　　　　2. 낱개 10개와 10모형 한 개가 같고, 10모형 열 개와 100모형 한 개가 같음을 알려주세요.
　　　　3. 수모형을 잠시 보여주고 다시 가린 상태에서 차례로 뺄셈을 합니다. 포스트잇을 가리개로 사용하면 좋습니다.
　　　　　실제 수모형을 이용하여 지도한다면 접이식 부채를 가리개로 사용할 수 있습니다.

함께 하기 　보배의 방법처럼 아래 뺄셈을 풀어 봅시다.

**①** 564-321=

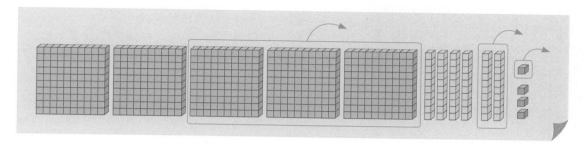

**②** 684-378=

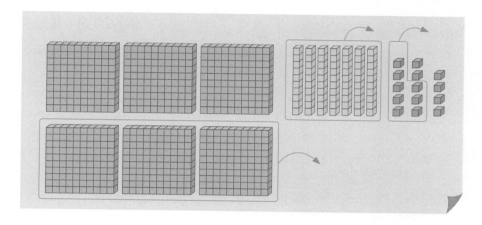

**③** 345-137=

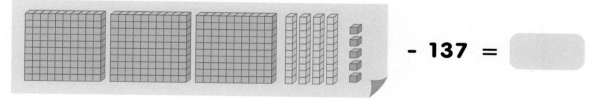

- 137 =

**④** 713-376=

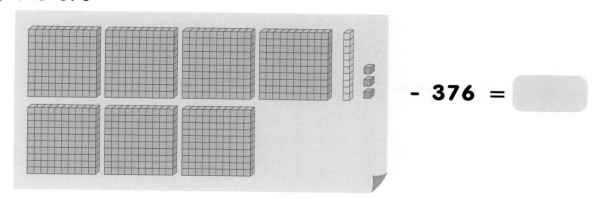

- 376 =

**⑤** 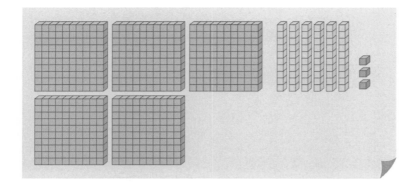 - 437 =

**⑥** 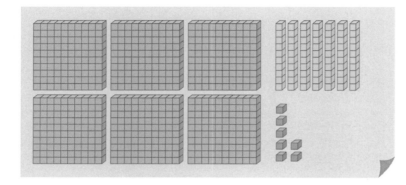 - 418 =

**⑦** 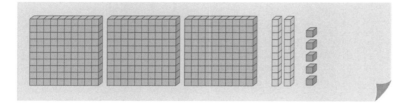 - 117 =

**⑧** 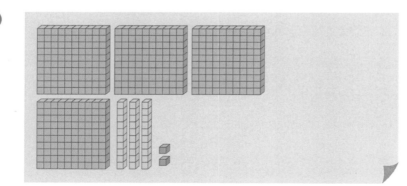 - 259 =

스스로 하기  보배가 푼 것처럼 아래 뺄셈을 풀어보세요.

① 635-423 =

② 426-215 =

③ 735-517 =

④ 534-328 =

⑤ 873-596 =

⑥ 384-197 =

**더 알아보기**   보배의 방법으로 아래 뺄셈을 풀어 봅시다. (네모는 100, 긴 선은 10, 점은 1을 표현)

❶ 648 - 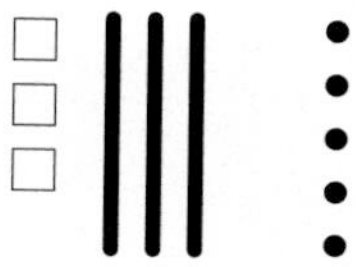 =

❷ 584 - 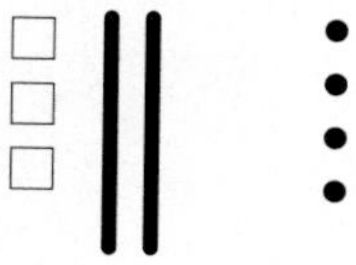 =

❸ 942 - 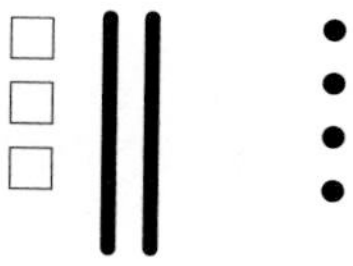 =

❹ 753 - 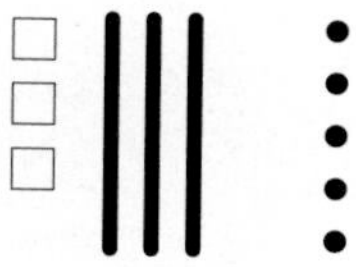 =

❺ 547 -  =

❻ 526 - 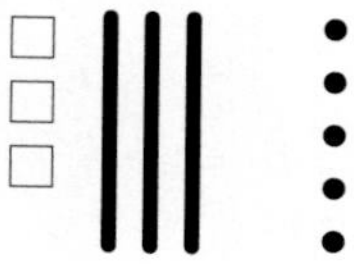 =

❼ 424 -  =

❽ 813 - 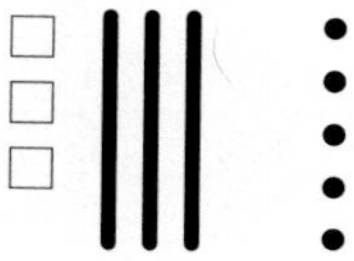 =

❾ 710 - 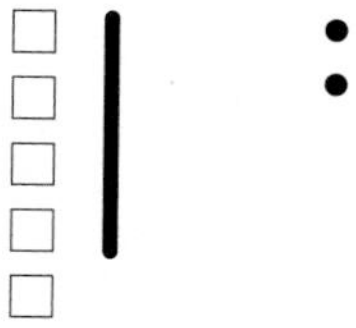 =

❿ 610 - 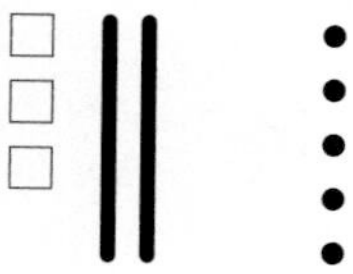 =

⓫ 800 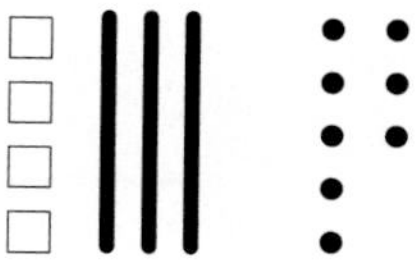 =

⓬ 700 - 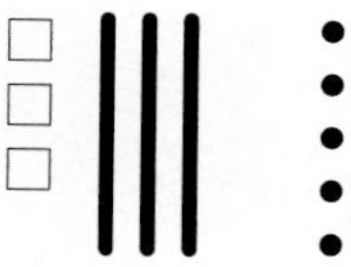 =

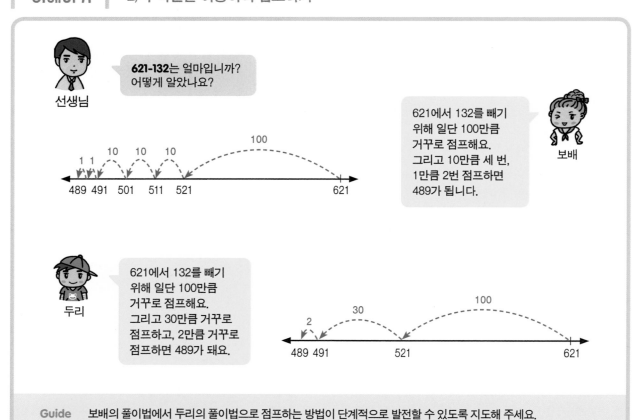

**Guide** 보배의 풀이법에서 두리의 풀이법으로 점프하는 방법이 단계적으로 발전할 수 있도록 지도해 주세요.

**함께 하기** 보배와 두리의 방법을 써서 푸는 방법을 수직선에 표시해 봅시다.

❶ **472-215 =**

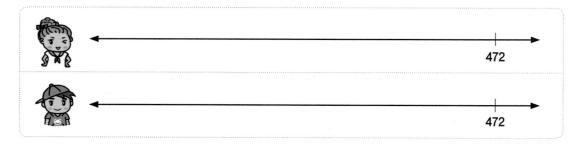

❷ **612-386 =**

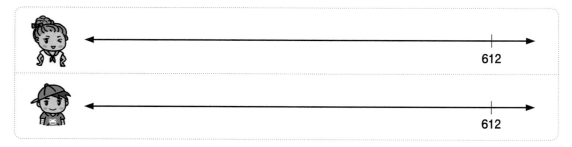

**1** 465-237 =

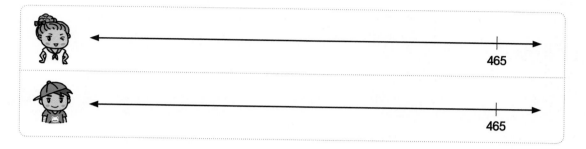

**2** 636-339 =

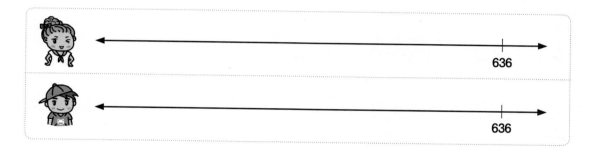

**3** 523-197 =

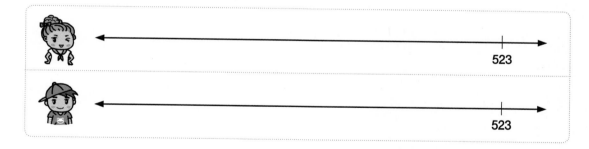

**4** 782-495 =

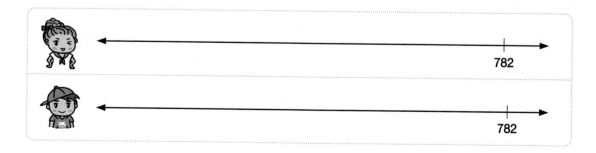

## 3. 뺄셈 전략 : 거꾸로 점프

### 3-2. 오바 점프

이해하기

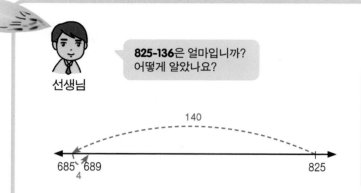

선생님

**825-136**은 얼마입니까?
어떻게 알았나요?

825에서 136을 빼기 위해
140만큼 거꾸로 점프해요.
그러면 685가 돼요.
거꾸로 점프한 140은 136보다
4만큼 넘치게 거꾸로 점프한
것이므로 685에서 다시 4만큼
앞으로 점프하면 689가 됩니다.

새나

140

685 689    825
4

Guide  825에서 136를 빼지 않고, 4를 더하여 140을 빼주어 계산을 했습니다. 단, 오바한 만큼(4) 다시 더해야 하는 것에
대하여 설명해주세요.

함께 하기  새나의 방법으로 풀면서 수직선에 표시해 봅시다.

**①** **432-226 =**

432

**②** **524-326 =**

524

**③** **732-458 =**

732

스스로 하기 　새나의 방법으로 풀면서 수직선에 표시해 보세요.

**1** 576-238＝

576

**2** 632-339＝

632

**3** 812-538＝

812

**4** 357-189＝

357

**5** 717-428＝

717

# 3. 뺄셈 전략 : 거꾸로 점프

### 3-3. 쉬운 수로 점프

## 이해하기

선생님

**623-137**은 얼마입니까?
어떻게 알았나요?

623에서 137을 빼기 위해
① 623과 가까우면서 계산하기 쉬운 수인 620까지 거꾸로 3만큼 점프해요.
② 620에서 100만큼 거꾸로 점프하면 520이 돼요.
③ 520에서 30만큼 거꾸로 점프하면 490이 됩니다.
④ 490에서 마지막으로 7만큼 거꾸로 점프해야 하는데 먼저 3만큼 거꾸로
점프했으니까 이번에는 4만큼만 거꾸로 점프하면 돼요.
그래서 답은 486이에요.

나래

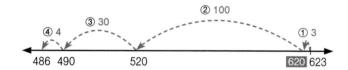

**Guide** 피감수와 가장 가까운 수 중 NNO(몇 백 몇 십)가 되는 수를 찾고(623과 가장 가까운 NNO는 620입니다),
두 수의 차이를(623-620=3) 기억하여 마지막에 일의 자리를 뺄 때 실수 없이 계산할 수 있도록 도와주세요.

## 함께 하기   나래의 방법으로 풀면서 수직선에 표시해 봅시다.

**①** **433-315 =**

**②** **527-228 =**

**③** **615-127 =**

**1** 531-125 =

531

**2** 424-228 =

424

**3** 653-365 =

653

**4** 723-435 =

723

**5** 321-153 =

321

# 3. 뺄셈 전략 : 거꾸로 점프

## 3-4. 일의 자리가 같도록 점프

 선생님

**731-283**은 얼마입니까?
어떻게 알았나요?

 보배

731에서 283을 빼기 위하여
① 일의 자리가 같아지도록(733) 앞으로 2만큼 점프해요.
② 733에서 먼저 200, 이어서 80만큼 거꾸로 점프해요.
   그러면 453이 됩니다.
③ 이어서 3만큼 거꾸로 점프해야 하는데 앞서 2만큼 앞으로 점프했으므로
   이번에는 5만큼 거꾸로 점프해야 해요.
   답은 448이에요.

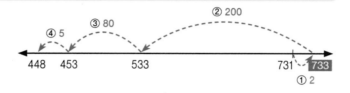

**Guide**  피감수(731)를 감수(283)와 같은 일의 자리(733)로 만드는 연습을 먼저 하는 것이 좋습니다.
그리고 두 수의 차이를(733-731=2) 기억하여 계산할 수 있도록 지도합니다.

---

**함께 하기**  보배의 방법으로 풀면서 수직선에 표시해 봅시다.

❶  **534-215 =**

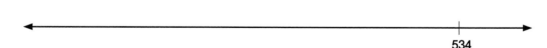
534

❷  **625-328 =**

625

❸  **733-384 =**

733

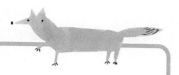

**스스로 하기**   보배의 방법으로 풀면서 수직선에 표시해 보세요.

**1** 458-139＝

458

**2** 557-258＝

557

**3** 615-429＝

615

**4** 723-539＝

723

**5** 814-236＝

814

# 3. 뺄셈 전략 : 거꾸로 점프

## 3-5. 갈라서 점프

## 이해하기

 선생님

> **621-235**는 얼마입니까?
> 어떻게 알았나요?

 두리

621에서 235를 빼기 위해
621을 600과 20과 1로 가릅니다. 235도 200과 30과 5로 갈라요.
① 100의 자리부터 계산하기 위해 600에서 200만큼 거꾸로 점프해요. 400이 됩니다.
② 400에서 20만큼 앞으로 30만큼 거꾸로 점프합니다.
    400에서 10만큼 거꾸로 점프하는 셈이 돼요. 그럼 390이에요.
③ 이제 일의 자리를 계산할 순서입니다. 1만큼 앞으로 그리고 5만큼 거꾸로 가야 하므로
    결국 4만큼 거꾸로 점프합니다. 390에서 거꾸로 4만큼 점프하면 386이 됩니다.
    답은 386입니다.

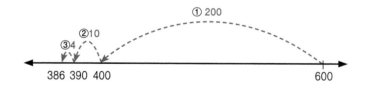

**Guide**　1. 수모형(부록카드 71-110)을 이용하여 각각의 수를 가르는 연습을 하고, 각 자리수마다 얼마큼 어디로 이동해야
　　　　　 하는지 충분히 이해하도록 도와주세요!
　　　　 2. 수직선에서 시작하는 수가 N00(600)입니다. 주어진 문제를 보고, N00형태의 수를 찾는 연습을 하면 좋습니다.

## 함께 하기　두리의 방법으로 풀면서 수직선에 표시해 봅시다.

❶　**331-125 =**

❷　**723-326 =**

❸　**615-246 =**

**1**   **558-239 =**

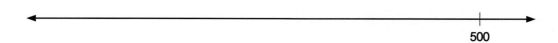

500

**2**   **672-437 =**

600

**3**   **742-339 =**

**4**   **327-168 =**

**5**   **834-587 =**

# 4. 뺄셈 전략 : 부분차

**이해하기**  1) 순차적으로 빼기

선생님

**532-257**은 얼마입니까?
어떻게 알았나요?

275입니다!
100의 자리, 10의 자리, 1의 자리의 수를
순차적으로 빼면서 풀어요.
왼쪽은 백의 자리부터, 오른쪽은
일의 자리부터 뺐어요.

하람

|   | 5 | 3 | 2 |
|---|---|---|---|
| - | 2 | 0 | 0 |
|   | 3 | 3 | 2 |
| - |   | 5 | 0 |
|   | 2 | 8 | 2 |
| - |   |   | 7 |
|   | **2** | **7** | **5** |

100의 자리부터

|   | 5 | 3 | 2 |
|---|---|---|---|
| - |   |   | 7 |
|   | 5 | 2 | 5 |
| - |   | 5 | 0 |
|   | 4 | 7 | 5 |
| - | 2 | 0 | 0 |
|   | **2** | **7** | **5** |

1의 자리부터

**함께 하기**  하람이 생각처럼 아래 뺄셈을 풀면서 빈칸을 채워 봅시다.

**❶  751-364 =**

|   | 7 | 5 | 1 |
|---|---|---|---|
| - | 3 | 0 | 0 |
|   | 4 | 5 | 1 |
| - |   |   | 0 |
|   | 3 |   | 1 |
| - |   |   | 4 |
|   |   | 8 |   |

100의 자리부터

|   | 7 | 5 | 1 |
|---|---|---|---|
| - |   |   | 4 |
|   | 7 |   |   |
| - |   | 6 |   |
|   | 6 |   | 7 |
| - | 3 | 0 | 0 |
|   | 3 |   | 7 |

1의 자리부터

**②** **335-168=**

| | | |
|---|---|---|
| 3 | 3 | 5 |
| − 1 | 0 | 0 |
| 2 | 3 | 5 |
| − | | 0 |
| 1 | | 5 |
| − | | 8 |
| | 6 | |

100의 자리부터

| | | |
|---|---|---|
| 3 | 3 | 5 |
| − | | 8 |
| 3 | | 7 |
| − | 6 | |
| 2 | | 7 |
| − 1 | 0 | 0 |
| 1 | | 7 |

1의 자리부터

**③** **724-438=**

| | | |
|---|---|---|
| 7 | 2 | 4 |
| − 4 | 0 | 0 |
| 3 | 2 | 4 |
| − | | 0 |
| 2 | | 4 |
| − | | 8 |
| | | |

100의 자리부터

| | | |
|---|---|---|
| 7 | 2 | 4 |
| − | | 8 |
| 7 | | 6 |
| − | 3 | |
| 6 | | 6 |
| − | | |
| | | |

1의 자리부터

**④** **515-127=**

| | | |
|---|---|---|
| 5 | 1 | 5 |
| − | | |
| | | |
| − | | |
| | | |
| − | | |
| | | |

100의 자리부터

| | | |
|---|---|---|
| 5 | 1 | 5 |
| − | | |
| | | |
| − | | |
| | | |
| − | | |
| | | |

1의 자리부터

**1** 656-232 =

|   | 6 | 5 | 6 |
|---|---|---|---|
| − | 2 | 0 | 0 |
|   | 4 | 5 | 6 |
| − |   |   | 0 |
|   | 4 |   |   |
| − |   |   | 2 |
|   |   | 2 |   |

100의 자리부터

|   | 6 | 5 | 6 |
|---|---|---|---|
| − |   |   | 2 |
|   | 6 |   |   |
| − |   | 3 |   |
|   | 6 |   |   |
| − | 2 | 0 | 0 |
|   | 4 |   | 4 |

1의 자리부터

**2** 785-127 =

|   | 7 | 8 | 5 |
|---|---|---|---|
| − | 1 | 0 | 0 |
|   | 6 | 8 | 5 |
| − |   |   | 0 |
|   | 6 |   |   |
| − |   |   | 7 |
|   |   | 5 |   |

100의 자리부터

|   | 7 | 8 | 5 |
|---|---|---|---|
| − |   |   |   |
|   | 7 |   | 8 |
| − |   | 2 |   |
|   | 7 |   |   |
| − |   |   |   |
|   | 6 |   | 8 |

1의 자리부터

**3** 295-158 =

|   | 2 | 9 | 5 |
|---|---|---|---|
| − | 1 | 0 | 0 |
|   | 1 | 9 |   |
| − |   |   | 0 |
|   | 1 |   |   |
| − |   |   | 8 |
|   |   | 3 |   |

100의 자리부터

|   | 2 | 9 | 5 |
|---|---|---|---|
| − |   |   | 8 |
|   | 2 |   | 7 |
| − |   | 5 |   |
|   | 2 |   |   |
| − |   |   |   |
|   | 1 |   | 7 |

1의 자리부터

**4** 615-359 =

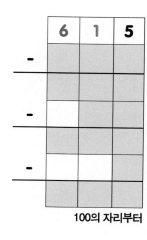

100의 자리부터             1의 자리부터

**5** 422-145 =

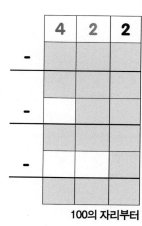 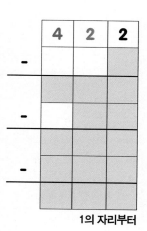

100의 자리부터             1의 자리부터

**6** 513-259 =

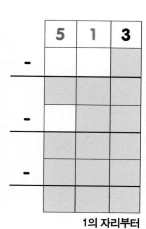

100의 자리부터             1의 자리부터

선생님

**613-357**은 얼마입니까? 어떻게 알았나요?

256입니다!
100의 자리, 10의 자리, 1의 자리를 갈라서 풀어요. 받아 내림하지 않고 빚진 것으로 생각해서 푸는 것이 쉬워요.

하람

| | 6 | 1 | 3 |
|---|---|---|---|
| - | 3 | 5 | 7 |
| | | | |

가르기 ⇒

|  | 600 | + | 10 | + | 3 | 빼기 |
|---|---|---|---|---|---|---|
| - | 300 | + | 50 | + | 7 | |
| | 300 | | 빚40 | | 빚4 | 300에서 40과 4를 빼면 |
| | | | = | | 256 | |

**Guide** 613은 600과 10과 3으로 가르고, 357은 300과 50과 7로 가를 수 있음을 알려주세요. 그리고 빚에 해당하는 수를 빼는 것에 대하여 지도합니다.

**함께 하기** 하람이 생각처럼 아래 뺄셈을 풀면서 빈칸을 채워 봅시다.

**①** **432-187 =**

| | 4 | 3 | 2 |
|---|---|---|---|
| - | 1 | 8 | 7 |
| | | | |

가르기 ⇒

|  | 400 | + | 30 | + | 2 | 빼기 |
|---|---|---|---|---|---|---|
| - | 100 | + | 80 | + | 7 | |
| | 300 | | 빚 50 | | 빚 5 | 300에서 50과 5를 빼면 |
| | | | = | | ▨ | |

**②** **726-537 =**

| | 7 | 2 | 6 |
|---|---|---|---|
| - | 5 | 3 | 7 |
| | | | |

가르기 ⇒

|  | ▨ | + | 20 | + | ▨ | 빼기 |
|---|---|---|---|---|---|---|
| - | | + | 30 | + | | |
| | | | 빚 | | 빚 | 남은 것끼리 더하기 (빚은 빼기) |
| | | | = | | ▨ | |

## 스스로 하기    하람이 생각처럼 아래 뺄셈을 풀면서 빈칸을 채워 보세요.

**①** 541-287=

| | 5 | 4 | 1 |
|---|---|---|---|
| - | 2 | 8 | 7 |
| | | | |

가르기
⇒

|  | 500 | + | 40 | + | | 빼기 |
|---|---|---|---|---|---|---|
| - | 200 | + | 80 | + | | |
| | | | 빚 | | 빚 | 남은 것끼리 더하기 (빚은 빼기) |
| | | | | = | | |

**②** 935-267=

| | 9 | 3 | 5 |
|---|---|---|---|
| - | 2 | 6 | 7 |
| | | | |

가르기
⇒

|  | 900 | + | 30 | + | | 빼기 |
|---|---|---|---|---|---|---|
| - | 200 | + | 60 | + | | |
| | | | 빚 | | 빚 | 남은 것끼리 더하기 (빚은 빼기) |
| | | | | = | | |

**③** 623-288=

| | 6 | 2 | 3 |
|---|---|---|---|
| - | 2 | 8 | 8 |
| | | | |

가르기
⇒

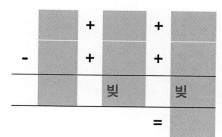

**④** 725-167=

| | 7 | 2 | 5 |
|---|---|---|---|
| - | 1 | 6 | 7 |
| | | | |

가르기
⇒

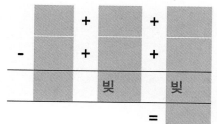

## 이해하기

선생님

**853-269**는 얼마입니까?
어떻게 알았나요?

584입니다!
100의 자리, 10의 자리, 1의 자리를
갈라서 푸는 것이 편해요. 단, 앞의 수는
빼려는 수보다 크도록 갈라서 풀어요.

토리

|   | 8 | 5 | 3 |
|---|---|---|---|
| - | 2 | 6 | 9 |
|   |   |   |   |

가르기
⇒

|   | 700 | + | 140 | + | 13 | 빼기 |
|---|---|---|---|---|---|---|
| - | 200 | + | 60 | + | 9 |  |
|   | 500 | + | 80 | + | 4 | 남은 것끼리 더하기 |
|   |   |   | = |   | 584 |  |

**Guide**  853을 800과 50과 3으로 가르는 것이 아니라 700과 140과 13으로 가르는 것을 먼저 알려주세요. 학생이 어려워하면 수모형(부록카드 71-110)을 활용하여 이해를 도울 수 있습니다.

## 함께 하기   토리 생각처럼 아래 뺄셈을 풀면서 빈칸을 채워 봅시다.

**❶  430-127 =**

|   | 4 | 3 | 0 |
|---|---|---|---|
| - | 1 | 2 | 7 |
|   |   |   |   |

가르기
⇒

|   | 400 | + | 20 | + | 10 | 빼기 |
|---|---|---|---|---|---|---|
| - | 100 | + | 20 | + | ▓ |  |
|   | 300 | + | 0 | + | 3 | 남은 것끼리 더하기 |
|   |   |   | = | ▓ |  |  |

**❷  500-111 =**

|   | 5 | 0 | 0 |
|---|---|---|---|
| - | 1 | 1 | 1 |
|   |   |   |   |

가르기
⇒

|   | ▓ | + | 90 | + | 10 | 빼기 |
|---|---|---|---|---|---|---|
| - |  | + | 10 | + | ▓ |  |
|   | ▓ | + | 80 | + |  | 남은 것끼리 더하기 |
|   |   |   | = | ▓ |  |  |

**③** **400-242 =**

| | 4 | 0 | 0 |
|---|---|---|---|
| - | 2 | 4 | 2 |
| | | | |

가르기
⇒

| | + | | + | | 빼기 |
|---|---|---|---|---|---|
| - | | + | | + | |
| | | + | | + | 남은 것끼리 더하기 |
| | | | | = | |

**④** **824-375 =**

| | 8 | 2 | 4 |
|---|---|---|---|
| - | 3 | 7 | 5 |
| | | | |

가르기
⇒

| | + | | + | | 빼기 |
|---|---|---|---|---|---|
| - | | + | | + | |
| | | + | | + | 남은 것끼리 더하기 |
| | | | | = | |

**⑤** **923-748 =**

| | 9 | 2 | 3 |
|---|---|---|---|
| - | 7 | 4 | 8 |
| | | | |

가르기
⇒

| | + | | + | | 빼기 |
|---|---|---|---|---|---|
| - | | + | | + | |
| | | + | | + | 남은 것끼리 더하기 |
| | | | | = | |

**⑥** **817-239 =**

| | 8 | 1 | 7 |
|---|---|---|---|
| - | 2 | 3 | 9 |
| | | | |

가르기
⇒

| | + | | + | | 빼기 |
|---|---|---|---|---|---|
| - | | + | | + | |
| | | + | | + | 남은 것끼리 더하기 |
| | | | | = | |

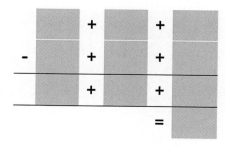

토리 생각처럼 아래 뺄셈을 풀면서 빈칸을 채워 보세요.

**1** **520-145=**

| | 5 | 2 | 0 |
|---|---|---|---|
| - | 1 | 4 | 5 |
| | | | |

가르기
⇒

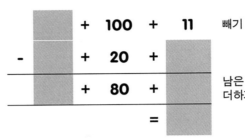

**2** **511-128=**

| | 5 | 1 | 1 |
|---|---|---|---|
| - | 1 | 2 | 8 |
| | | | |

가르기
⇒

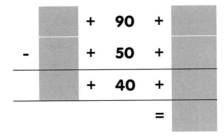

**3** **800-654=**

| | 8 | 0 | 0 |
|---|---|---|---|
| - | 6 | 5 | 4 |
| | | | |

가르기
⇒

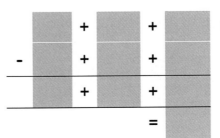

**4** **621-304=**

| | 6 | 2 | 1 |
|---|---|---|---|
| - | 3 | 0 | 4 |
| | | | |

가르기
⇒

**5** 502-316＝

| 5 | 0 | 2 |
|---|---|---|
| - 3 | 1 | 6 |
|   |   |   |

가르기
⇒

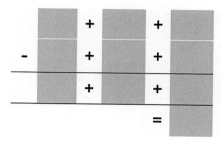

빼기

남은 것끼리
더하기

**6** 824-347＝

| 8 | 2 | 4 |
|---|---|---|
| - 3 | 4 | 7 |
|   |   |   |

가르기
⇒

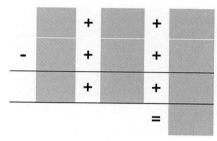

빼기

남은 것끼리
더하기

**7** 931-256＝

| 9 | 3 | 1 |
|---|---|---|
| - 2 | 5 | 6 |
|   |   |   |

가르기
⇒

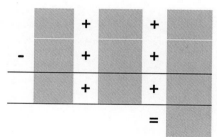

빼기

남은 것끼리
더하기

**8** 411-148＝

| 4 | 1 | 1 |
|---|---|---|
| - 1 | 4 | 8 |
|   |   |   |

가르기
⇒

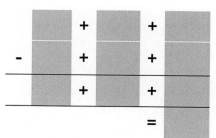

빼기

남은 것끼리
더하기

## F단계    6. 뺄셈 전략 : 오스트리아 방법

### 이해하기

선생님

**531-216**은 얼마입니까?
어떻게 알았나요?

315입니다!
학교에서 배운 것처럼 앞의 수에서
받아 내리지 않고 빼는 수에 그 수만큼
더하면서 받아 내려요.

새나

|   | 5 | 3 | $^{11}1$ |
|---|---|---|---|
| - | 2 | $1^2$ | 6 |
|   | 3 | 1 | 5 |

빼려는 수 6이 1보다 크므로 1에
10개의 1을 더해주고 아래의
10에 1개의 10을 더해준다.

$$500 - 200 = 300$$
$$30 - 20 = 10$$
$$11 - 6 = 5$$

### 함께 하기    새나처럼 아래 뺄셈을 풀면서 빈칸을 채워 봅시다.

**①  542-364 =**

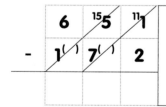

빼려는 수 4가 2보다 크므로 2에
10개의 1을 더해주고 아래의 60에
1개의 10을 더해준다. 빼려는 수 7이 4보다
크므로 400에 10개의 10을 더해주고
아래의 300에 1개의 100을 더해준다.

$$12 - 4 = \boxed{\phantom{0}}$$
$$140 - 70 = \boxed{\phantom{0}}$$
$$500 - \boxed{\phantom{0}} = \boxed{\phantom{0}}$$

**②  651-172 =**

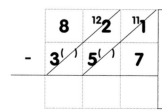

빼려는 수 2가 1보다 크므로 1에
10개의 1을 더해주고 아래의 70에
1개의 10을 더해준다. 빼려는 수 8이 5보다
크므로 50에 10개의 10을 더해주고
아래의 100에 1개의 100을 더해준다.

$$11 - 2 = \boxed{\phantom{0}}$$
$$150 - \boxed{\phantom{0}} = \boxed{\phantom{0}}$$
$$600 - \boxed{\phantom{0}} = \boxed{\phantom{0}}$$

**③  821-357 =**

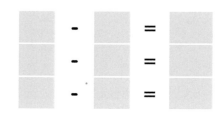

빼려는 수 7이 1보다 크므로 1에
10개의 1을 더해주고 아래의 50에
1개의 10을 더해준다. 빼려는 수 6이 2보다
크므로 20에 10개의 10을 더해주고
아래의 300에 1개의 100을 더해준다.

$$\boxed{\phantom{0}} - \boxed{\phantom{0}} = \boxed{\phantom{0}}$$
$$\boxed{\phantom{0}} - \boxed{\phantom{0}} = \boxed{\phantom{0}}$$
$$\boxed{\phantom{0}} - \boxed{\phantom{0}} = \boxed{\phantom{0}}$$

## 스스로 하기   새나처럼 아래 뺄셈을 풀면서 빈칸을 채워 보세요

**①**

```
    9  ¹⁵5  ¹⁵5
-   1⁽ ⁾8⁽ ⁾ 7
```

**②**

```
    4  ⁽ ⁾3  ⁽ ⁾5
-   1⁽ ⁾5⁽ ⁾ 7
```

**③**

```
    7  8  7
-   5  5  9
```

**④**

```
    8  6  3
-   5  3  8
```

**⑤**

```
    6  7  4
-   2  4  7
```

**⑥**

```
    4  5  6
-   2  7  9
```

**⑦**

```
    3  2  1
-   1  6  8
```

**⑧**

```
    6  3  2
-   2  4  8
```

**⑨**

```
    5  6  5
-   3  8  6
```

**⑩**

```
    4  2  2
-   2  3  7
```

**⑪**

```
    7  8  3
-   4  9  8
```

**⑫**

```
    5  3  7
-   1  4  9
```

**⑬**

```
    8  2  4
-   6  5  5
```

**⑭**

```
    9  1  1
-   1  9  9
```

**⑮**

```
    7  2  2
-   3  3  7
```

## 이해하기

 선생님

**652-146**은 얼마입니까?
어떻게 알았나요?

506입니다!
빼려는 수 146에 4를 더해서 150으로 만들어요.
652-150의 답을 구한 다음 4를 더하면 쉽게 풀 수 있어요.
그러니까 652-146=652-150+4로 풀 수 있어요.

 하람

**Guide**　계산하기 쉽도록 감수(146)에 얼마를 더하면 좋을지 생각하도록 도와주세요.

## 함께 하기　　오른쪽 뺄셈 문제는 왼쪽 문제를 더 쉽게 만든 것입니다. 답이 같은 것끼리 이어 봅시다.

❶　628-398　•　　　　　　•　(355-200)+10
　437-199　•　　　　　　•　(628-400)+2
　355-190　•　　　　　　•　(437-200)+1

❷　601-397　•　　　　　　•　(601-400)+3
　927-298　•　　　　　　•　(567-200)+4
　567-196　•　　　　　　•　(927-300)+2

## 스스로 하기　　답이 같은 것끼리 이어보세요.

❶　952-309　•　　　　　　•　(600-400)+3
　911-508　•　　　　　　•　(911-510)+2
　600-397　•　　　　　　•　(952-310)+1

❷　328-198　•　　　　　　•　(255-200)+10
　437-199　•　　　　　　•　(328-200)+2
　255-190　•　　　　　　•　(437-200)+1

❸　563-199　•　　　　　　•　(608-300)+5
　522-296　•　　　　　　•　(563-200)+1
　608-295　•　　　　　　•　(522-300)+4

## 이해하기

**선생님**
522-316은 얼마입니까?
어떻게 알았나요?

**보배**
206입니다!
522에 4를 더해서 526,
316에 4를 더해서 320으로
만들면, 526-320이 되어서
쉽게 답을 구할 수 있어요.
그러니까 522-316=526-320으로
풀 수 있어요.

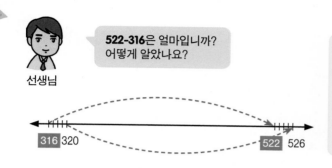

**Guide**   계산하기 쉽도록 감수(316)에 더하는 수(4)만큼, 피감수(522)에도 같은 수(4)를 더해야 값이 변하지 않음을 알려주세요.

## 함께 하기
오른쪽 뺄셈 문제는 왼쪽 문제를 더 쉽게 만든 것 입니다. 답이 같은 것끼리 이어 봅시다.

**1**   628-299   •          • 629-300
337-199   •          • 560-200
550-190   •          • 338-200

**2**   610-190   •          • 563-220
775-398   •          • 620-200
561-218   •          • 777-400

## 스스로 하기
답이 같은 것끼리 이어보세요.

**1**   951-309   •          • 614-400
927-209   •          • 928-210
612-398   •          • 952-310

**2**   562-397   •          • 565-400
522-218   •          • 524-220
611-207   •          • 614-210

**3**   613-199   •          • 288-150
925-419   •          • 614-200
286-148   •          • 926-420

# 모범 답안

## (바) 큰 덧셈/뺄셈

A단계
- 두 자리 덧셈/뺄셈을
  위한 기초 기술

B단계
- 두 자릿수 덧셈

C단계
- 두 자릿수 뺄셈

D단계
- 세 자리 덧셈/뺄셈을
  위한 기초 기술

E단계
- 세 자릿수 덧셈

F단계
- 세 자릿수 뺄셈